准考证号________ 姓名________ 工作单位________

★★★★ 密 封 线 内 不 要 答 题 ★★★★

全国二级建造师执业资格考试

水利水电工程管理与实务

2025 年二级建造师考试真题

题　号	一	二	三	总　分
分　数				

得　分	评卷人

一、单项选择题(共 20 题,每题 1 分。每题的备选项中,只有 1 个最符合题意)

1. 叶片泵的抽水装置不包括　(　　)
A. 叶片泵　B. 动力机
C. 泵房　D. 管路

2. 水准仪基座一般装有(　　)个脚螺旋。
A. 3　B. 4
C. 5　D. 6

3. 材料孔隙体积占总体积的百分比称为材料的　(　　)
A. 孔隙率　B. 密实度
C. 填充率　D. 空隙率

4. 管涌险情的抢护原则是　(　　)
A. 临水筑子堤　B. 上堵下排
C. 制止涌水带砂　D. 封堵闭气

5. 孔径大于 75 mm,孔深大于 5 m 的钻孔爆破称为　(　　)
A. 光面爆破　B. 洞室爆破
C. 浅孔爆破　D. 深孔爆破

6. 混凝土结构物与土石坝坝身连接部位,填土前应涂刷浓黏性土浆,泥浆土与水的质量比宜为　(　　)
A. 1∶1.0~1∶1.5　B. 1∶1.5~1∶2.0
C. 1∶2.0~1∶2.5　D. 1∶2.5~1∶3.0

7. 图 1 中所示的止水带类型为　(　　)

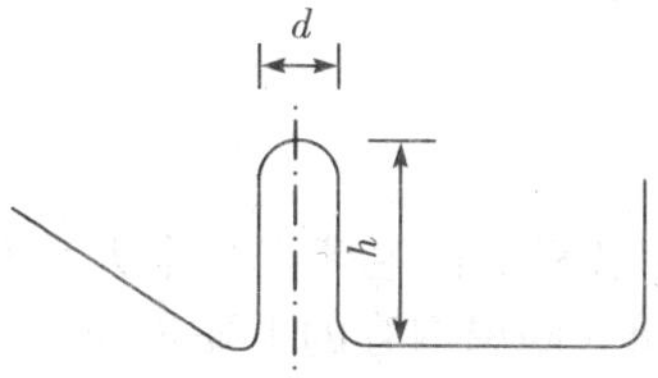

图 1　止水带

A. W 型普通金属止水带　B. W 型复合金属止水带
C. F 型普通金属止水带　D. F 型复合金属止水带

8. 在流域范围内制定的防洪、治涝、水资源保护等规划属于　(　　)
A. 区域规划　B. 水资源综合规划
C. 流域专业规划　D. 流域综合规划

9. 当构件按最小配筋率配筋时,可按钢筋(　　)相等的原则进行钢筋代换。
A. 强度　B. 刚度
C. 受力　D. 面积

10. 水利行业标准的开始实施时间不应超过发布时间后的(　　)个月。
A. 1　B. 3
C. 6　D. 9

11. 滑模施工混凝土时,振捣器插入下层混凝土的深度宜为(　　)cm 左右。
A. 3　B. 4
C. 5　D. 6

12. 总承包三级资质的水利水电施工企业,其水利水电工程专业注册建造师应不少于(　　)人。
A. 5　B. 8
C. 10　D. 13

13. 按照绿色施工要求,施工场界处夜间突发噪声的最大声级超过场界噪声限值的幅度不得大于(　　)dB(A)。
A. 10　B. 15
C. 20　D. 25

14. 招标人公示中标候选人的公示期不得少于(　　)日。
A. 3　B. 5
C. 7　D. 10

15. 施工合同中约定的分包单位进场需要经(　　)批准。
A. 水行政主管部门　B. 质量监督单位
C. 总包单位　D. 监理单位

16. 工程完成建设目标的标志是　(　　)
A. 生产运行　B. 生产准备
C. 项目后评价　D. 竣工验收

17. 根据水利部有关规定,水土保持设施验收报告应由(　　)编制。
A. 项目法人　B. 设计单位
C. 监理单位　D. 第三方机构

18. 根据《水利工程建设安全生产管理规定》,设计单位安全责任划分不包括　(　　)
A. 设计流程　B. 设计标准
C. 设计文件　D. 设计人员

19. 施工场地警告标志的几何图形是　(　　)
A. 带斜杠的圆环　B. 正三角形
C. 等腰梯形　D. 正方形

20. 环境监测的方法不包括　(　　)
A. 人工巡视　B. 卫生防疫
C. 仪器采样　D. 调查访问

得 分	评卷人

二、多项选择题（共10题，每题2分。每题的备选项中，有2个或2个以上符合题意，至少有1个错项。错选，本题不得分；少选，所选的每个选项得0.5分）

21. 土的渗透破坏类型一般可分为(　　)等。
A. 管涌　　B. 流土
C. 接触冲刷　　D. 岩溶
E. 接触流失

22. 抛投块料截流，按照抛投合龙方法可分为(　　)
A. 平堵　　B. 立堵
C. 斜堵　　D. 分段堵
E. 混合堵

23. 下列岩石中，属于火成岩的有(　　)
A. 片麻岩　　B. 闪长岩
C. 辉长岩　　D. 辉绿岩
E. 大理岩

24. 下列措施中，属于防止风力侵蚀的有(　　)
A. 轮封轮牧　　B. 植树种草
C. 设置人工沙障　　D. 设置网格林带
E. 设置挡土墙

25. 根据相关规定，竣工财务决算应按(　　)项目分别编制。
A. 大中型　　B. 中小型
C. 大型　　D. 中型
E. 小型

26. 监理机构对承包人的检验结果进行复核的方法有(　　)
A. 现场记录　　B. 发布文件
C. 跟踪检测　　D. 平行检测
E. 抽样检测

27. 根据相关规定，政府验收包括(　　)等。
A. 阶段验收　　B. 单位工程验收
C. 专项验收　　D. 竣工验收
E. 分部工程验收

28. 下列工作中，属于发包人义务的有(　　)
A. 发出开工通知　　B. 提供施工场地
C. 组织设计交底　　D. 编制施工总进度计划
E. 协助承包人办理证件和批件

29. 按照绿色施工要求，固体废物处置应做到(　　)
A. 减量化　　B. 无害化
C. 深埋化　　D. 拦挡化
E. 资源化

30. 关于工程管路着色的说法，正确的有(　　)
A. 排水管着绿色　　B. 供油管着红色
C. 消防水管着红色　　D. 压缩空气管着白色
E. 排油管着红色

得 分	评卷人

三、实务操作和案例分析题（共4题，每题20分）

【案例一】

背景

某中型水利枢纽工程包括大坝、溢洪道、引水发电隧洞、发电厂房等主要建筑物。某施工单位承担该项目施工任务，施工工期4年。工程施工过程中发生如下事件：

事件1:某天夜间发电厂房排架混凝土浇筑过程中，现场没有专人监护，1名作业人员不慎从距地面5 m高的脚手架临空侧跌落，直接坠地死亡。事后经现场检查，该脚手架临空侧未搭设必要的防护设施。

事件2:施工单位依据《水利部办公厅关于印发水利工程生产安全重大事故隐患清单指南(2023年版)的通知》，组织了生产安全事故隐患排查治理工作，检查并制定了该项目存在的生产安全重大事故隐患清单，部分内容如表1所示。

表1　生产安全重大事故隐患清单

序号	类别	管理环节	隐患编号	重大隐患内容
1	基础管理	资质和人员管理	SJ—J001	专职安全生产管理人员未按规定持有效的安全生产考核合格证书
2		方案管理	SJ—J002	达到或超过一定规模的危险性较大单项工程的专项施工方案未按规定组织专家论证擅自施工
3	临时工程	围堰工程	SJ—J005	围堰位移及渗流量超过设计要求
4	专项工程	脚手架	SJ—J007	未按专项施工方案设置连墙件
5		隧洞施工	SJ—J014	隧洞施工运输车辆未定期检查，使用货运车辆运送人员

事件3:溢洪道边墙混凝土存在蜂窝、麻面等质量缺陷，施工单位组织填写了质量缺陷备案表，填写内容包括缺陷产生的部位、原因等。

事件4:施工单位按照《水利水电施工企业安全生产标准化评审标准》开展了一级安全生产标准化企业建设工作。中国水利企业协会组织对该施工单位进行了安全生产标准化评审，评审结果为：评审得分70分，各一级评审项目得分在应得分的65%以上。

问题：

1. 指出事件1中高处作业的级别和种类；依据《水利部生产安全事故应急预案》，判断该生产安全事故等级；该脚手架临空侧应搭设哪些安全防护设施？

2. 根据《水利部办公厅关于印发水利工程生产安全重大事故隐患清单指南(2023年版)的通知》，指出并改正表1中所列重大隐患内容的不妥之处。

3. 指出并改正事件 3 中质量缺陷备案做法的不妥之处;质量缺陷备案表除了填写缺陷产生的部位和原因外,还应填写哪些内容?

4. 根据事件 4 中的评审结果,判断该施工单位是否达到安全生产标准化一级标准?说明理由。

【案例二】

背 景

某中型水闸工程,经监理单位批准的施工进度计划如图 2 所示。合同约定:已标价工程量清单中基坑开挖工程量为 3 万 m^3,其综合单价为 15 元/m^3,当实际完成工程量超过已标价工程量清单中工程量 15% 以上时,超过 15% 部分的综合单价调整为 12 元/m^3;工期提前承包人可获得赶工费用,标准为 10 000 元/天,工期延误则承包人需支付逾期违约金,标准为 10 000 元/天。

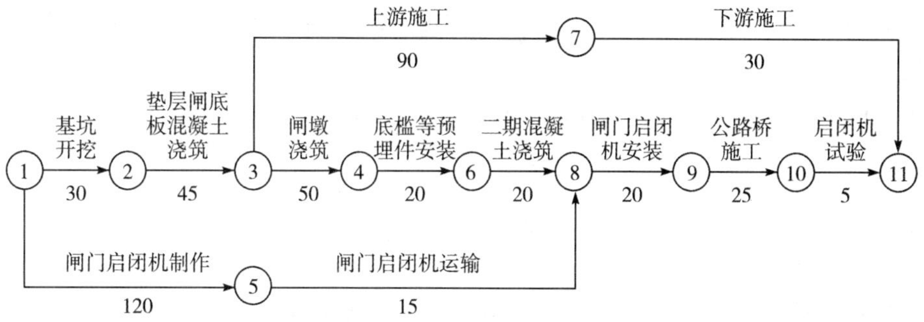

图 2 施工进度计划(单位:天)

工程施工过程中发生如下事件:

事件 1: 由于基坑开挖后揭露的地质条件变化,基坑开挖工程量实际为 4 万 m^3,并推迟 6 天完成。

事件 2: 由于底槛导轨等埋件安装存在质量问题,需返工处理,导致该项工作 25 天完成。

事件 3: 由于发包人原因导致设计变更,使得下游连接段施工推迟 10 天完成。

事件 4: 闸门及启闭机安装实际持续时间为 15 天;公路桥施工实际持续时间为 20 天;按规范要求,启闭机在现场进行了空载等试验,试验持续时间为 4 天。

问题:

1. 根据图 2,计算该水闸工程计划总工期并指出关键线路;根据事件 1,计算与合同约定工程量相比增加部分的工程费用。

2. 分别说明事件 1、事件 2、事件 3 的责任方及对工期的影响。

3. 事件 4 中,除空载试验外,启闭机在现场还应进行哪些试验?

4. 计算该项目的实际总工期以及承包人可获得的赶工费用或需支付的逾期违约金。

【案例三】

背 景

某中型灌区改造工程,施工招标文件依据《水利水电工程标准施工招标文件》编制,工程量清单按《水利工程工程量清单计价规范》编制。招标文件约定:

(1)闸门和启闭机采购列入暂估价项目,估算金额 240 万元。

(2)渠道开挖土方土料质量满足填筑要求,可用来进行土方填筑,土方自然方和压实方的换算系数为 0.85。

中标人已标价工程量清单中,分类分项工程量清单(部分)和措施项目清单(部分)如表 2 和表 3 所示。

表 2 分类分项工程量清单(部分)

编号	项目名称	单位	工程量	单价/(元/m^3)	合价/元
1	渠道开挖与填筑				
2	土方开挖	m^3	1 413 600	10	14 136 000
3	土方填筑	m^3	915 535	6	5 493 210
4	渠道混凝土护坡	m^3	17 500	350	6 125 000

表 3 措施项目清单(部分)

编号	项目名称	单位	数量	单价/元	合价/元
1	安全生产措施费	项	1	700 000	700 000
2	文明工地措施费	项	1	500 000	500 000
3	施工期环境保护措施费	项	1	500 000	500 000
4	施工期水土保持措施费	项	1	1 000 000	1 000 000

工程实施过程中发生如下事件:

事件 1: 渠道土方填筑实际完成工程量为 1 050 500 m^3,按照施工图纸计算工程量为 895 000 m^3。结算时,监理人按照 895 000 m^3 进行计量,但承包人要求按照已标价工程量清单中的“土方填筑”子目 915 535 m^3 计量。

事件 2: 渠道护坡采用现浇混凝土,厚度为 10 cm,护坡上布置若干根排水管,每根排水管截面积为 0.11 m^2。计量时,监理人要求扣除排水管所占体积。

事件 3: 进场后,承包人申请将文明工地措施费一次性支付。

事件 4: 承包人无闸门和启闭机供应能力,发包人要求以招标形式确定供应单位,并与承包人联合组织闸门和启闭机招标工作。

问题：

1. 根据背景资料表 2 分类分项工程量清单(部分)，计算渠道土方开挖的弃土量。

2. 事件 1 中，承包人的要求是否合理？说明理由。

3. 事件 2 中，监理人的要求是否合理？说明理由。

4. 事件 3 中，承包人的申请能否获得同意？说明理由。

5. 事件 4 中，发包人对闸门和启闭机采购及相应组织方式的要求是否合理？说明理由；闸门和启闭机采购列入暂估价项目，需满足什么条件？

【案例四】

背景

某中型泄洪闸工程结构示意图如图 3 所示。工作门门槽埋件采用预留二期混凝土的方法安装，检修门门槽埋件采用不设二期混凝土的方法安装。工程建设过程中发生如下事件：

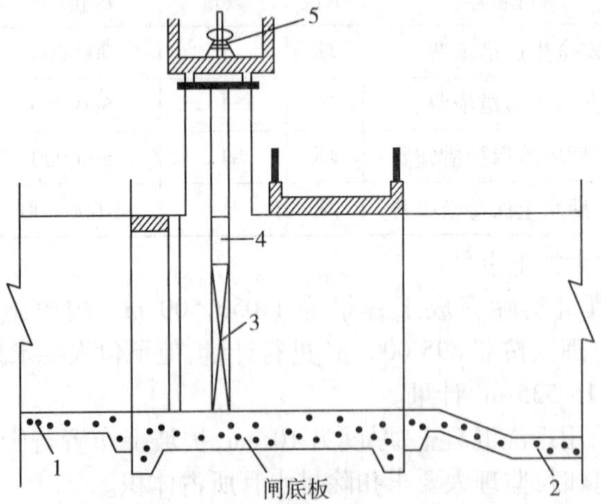

图 3　泄洪闸工程结构示意图

事件 1：工程开工前，建设单位组织设计、监理、施工等单位将图 3 所示结构划分为 1 个单位工程，由启闭机房、交通桥等 7 个分部工程组成。

事件 2：闸底板混凝土拌合未根据集料含水量的变化及时调整拌合用水量，造成混凝土和易性较差。

事件 3：混凝土施工方案中，闸墩混凝土施工工艺流程如图 4 所示。

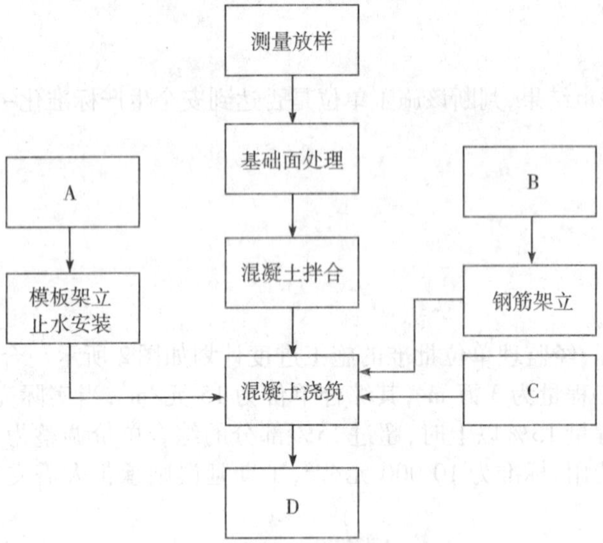

图 4　闸墩混凝土施工工艺流程

问题：

1. 指出图 3 中 1,2,3,4,5 所代表工程部位或设备的名称。

2. 根据背景资料，写出事件 1 中单位工程中其余 5 个分部工程名称。

3. 根据《水利水电工程施工质量通病防治导则》，除事件 2 所述原因外，造成混凝土和易性差通常还有哪些主要原因？

4. 指出图 4 中 A,B,C,D 分别代表的工序名称。

参考答案及解析

一、单项选择题

1.C 【解析】根据工作原理的不同,水泵可分为叶片式水泵(靠叶片高速旋转传递能量)、容积式水泵(靠工作时容积大小往复变化传递能量)和其他类型水泵。叶片泵的抽水装置包括叶片泵、传动设备、动力机、管路及其附件。

2.A 【解析】水准仪的主要组成部分包括水准器、望远镜和基座。基座将仪器和三脚架连接。基座装有3个脚螺旋,作用是对仪器进行粗略整平。

3.A 【解析】孔隙率是指块体材料中孔隙体积与材料在自然状态下总体积的百分比。密实度是指材料体积内被固体物质所充实的程度,即固体物质部分的体积占总体积的比例。填充率是指散粒状材料在堆积体积中被颗粒所填充的程度。空隙率是指散状材料颗粒之间的空隙体积在堆积体积中所占的比例。

4.C 【解析】在渗流作用下,土体内的细小颗粒沿着粗大颗粒间的孔隙通道移动或被水流带出,致使土层中形成孔道而产生集中涌水的现象,称为管涌。发生管涌险情时,应遵循制止涌水带砂,但留有渗水出路的抢险原则。

5.D 【解析】钻孔爆破根据钻孔深度和直径的不同,分为浅孔爆破和深孔爆破。孔径大于75 mm,孔深大于5 m的钻孔爆破称为深孔爆破。

6.D 【解析】混凝土结构物与土石坝坝身连接部位采用的浓黏性土浆,泥浆土与水的质量比宜为1:2.5~1:3.0,且宜通过试验确定。

7.C 【解析】止水带可分为平板型止水带和变形型止水带。平板型止水带是指中部为平板的止水带;变形型止水带是指能够适应接缝变形的止水带,又可分为封闭型(中心孔等)和开敞型(中心变形体不封口)两种,开敞型包括W型、F型、Ω型、波形止水带等。题干图中所示的止水带类型为F型普通金属止水带。

8.C 【解析】流域规划包括流域综合规划和流域专业规划。流域专业规划是指防洪、治涝、灌溉、航运、供水、水力发电、竹木流放、渔业、水资源保护、水土保持、防沙治沙、节约用水等规划。

9.D 【解析】当构件按最小配筋率配筋时,可按钢筋面积相等的原则进行钢筋代换。钢筋代换还应遵守下列规定:(1)同牌号钢筋代换时,代换后钢筋总截面面积与设计文件中规定的钢筋截面面积之比不得小于98%或大于103%。(2)设计主筋采取同牌号的钢筋代换时,可以用直径比设计钢筋直径大一级和小一级的两种型号钢筋间隔配置代换,满足最小间距要求。(3)当构件受裂缝宽度或挠度控制时,代换后应进行裂缝宽度或挠度验算。(4)应按钢筋承载力设计值相等的原则进行代换。(5)以高一级钢筋代换低一级钢筋时,宜采用改变钢筋直径的方法来减少钢筋截面面积。(6)用同牌号某直径钢筋代替另外一种直径钢筋时,其直径变化范围不宜超过4 mm。(7)主筋采取同牌号的钢筋代换时,应保持间距不变。

10.B 【解析】水利行业标准的发布时间为水利部批准时间,开始实施时间不应超过其后的3个月。此外,标准制定周期原则上不超过2年,修订周期原则上不超过1年。

11.C 【解析】滑模施工混凝土的浇筑,都应符合下列规定:(1)应分层、平起、对称、均匀地浇筑混凝土,各层浇筑的间隔时间,不应超过允许间歇时间。(2)振捣混凝土时,不应将振捣器触及支撑杆、预埋件、钢筋和模板,振捣器插入下层混凝土的深度,宜为5 cm左右,无轨滑模施工时,振捣器与模板的距离不应小于15 cm。

12.B 【解析】总承包一级资质的水利水电施工企业,水利水电工程专业一级注册建造师不少于15人。总承包二级资质的水利水电施工企业,水利水电工程专业注册建造师不少于15人,其中一级注册建造师不少于6人。总承包三级资质的水利水电施工企业,水利水电工程专业注册建造师不少于8人。

13.B 【解析】在施工场界处,夜间突发噪声的最大声级超过场界噪声限值的幅度不得大于15 dB(A)。

14.A 【解析】依法必须进行招标的项目,招标人应当自收到评标报告之日起3日内公示中标候选人,公示期不得少于3日。

15.D 【解析】投标文件中载明或在施工合同中约定采用工程分包的,应当明确分包单位的名称、资质、业绩、分包项目内容、现场主要管理人员及设备资源等相关内容。分包单位进场需经监理单位批准。

16.D 【解析】竣工验收是工程完成建设目标的标志,是全面考核基本建设成果、检验设计和工程质量的重要步骤。竣工验收合格的项目即从基本建设转入生产或使用。

17.D 【解析】生产建设项目水土保持设施自主验收包括水土保持设施验收报告编制和竣工验收两个阶段。水土保持设施验收报告由第三方技术服务机构编制。

18.A 【解析】设计单位应当按照法律、法规和工程建设强制性标准进行设计,并考虑项目周边环境对施工安全的影响,防止因设计不合理导致生产安全事故的发生。设计单位应当考虑施工安全操作和防护的需要,对涉及施工安全的重点部位和环节在设计文件中注明,并对防范生产安全事故提出指导意见。采用新结构、新材料、新工艺以及特殊结构的水利工程,设计单位应当在设计中提出保障施工作业人员安全和预防生产安全事故的措施建议。设计单位和有关设计人员应当对其设计成果负责。设计单位应当参与与设计有关的生产安全事故分析,并承担相应的责任。故设计单位安全责任划分包含设计标准、设计文件、设计人员。

19.B 【解析】施工场地警告标志的几何图形为黑色的正三角形,图形符号为黑色,背景色为黄色。

20.B 【解析】环境监测方法包括人工巡视、仪器采样、调查访问,监测结果应及时记录、分析、反馈、处理。

二、多项选择题

21.ABCE 【解析】土的渗透变形一般可分为流土、管涌、接触冲刷和接触流失等。黏性土的渗透变形主要是流土和接触流失。

22.ABE 【解析】河道截流又称抛投块料截流,一般有立堵、平堵,以及较特殊的定向爆破、截流闸等方式。目前应用较多的方法是戗堤法,并以戗堤立堵为多,该方法简单易行,一般适用于岩基或覆盖层较薄、流量大的岩基河床截流。平堵主要是修筑栈桥,但栈桥价格很贵,施工技术条件也很复杂,故架桥平堵截流方法不常采用,但适用于易冲刷地基上的截流。此外,还可用平堵和立堵相结合的方案(即混合堵)进行截流。

23.BCD 【解析】岩石按形成条件的不同可分为岩浆岩、沉积岩和变质岩三大类:(1)岩浆岩又称火成岩,是由岩浆喷出地表或侵入地壳冷却凝固所形成的岩石。其包括闪长岩、花岗岩、辉绿岩、辉长岩、玄武岩等。(2)沉积岩又称水成岩,是在地表不太深的地方,将其他岩石的风化产物和一些火山喷发物,经过水流或冰川的搬运、沉积、成岩作用形成的岩石。其包括石灰岩、砂岩、页岩等。(3)变质岩是受到地球内部力量(温度、压力、应力的变化、化学成分等)改造而成的新型岩石。其包括大理岩、石英岩、片麻岩等。

24.ABCD 【解析】在风力侵蚀地区,地方各级人民政府及其有关部门应当组织单位和个人,因地制宜地采取轮封轮牧、植树种草、设置人工沙障和网格林带等措施,建立防风固沙防护体系。

25.AE 【解析】竣工财务决算应按照大中型和小型项目分别编制。纳入竣工财务决算的尾工工程投资及预留费用,大中型工程应控制在总概算的3%以内;小型工程应控制在总概算的5%以内。

26.CD 【解析】跟踪检测是指监理机构对承包人在质量检测中的取样和送样进行监督。平行检测是指承包人对原材料、中间产品和工程质量自检的同时,监理机构按照监理合同约定独立进行抽样检测,核验承包人的检测结果。以上两种方法均是对承包人检验结果的复核。除此之外,监理的工作方法还包括现场记录、发布文件、旁站监理、巡视检查、协调。

27.ACD 【解析】水利水电建设工程验收按验收主持单位可分为法人验收和政府验收。法人验收应包括分部工程验收、单位工程验收、水电站(泵站)中间机组启动验收、合同工程完工验收等;政府验收应包括阶段验收、专项验收、竣工验收等。

28.ABCE 【解析】发包人的义务包括:(1)遵守法律。(2)发出开工通知。(3)提供施工场地。(4)协助承包人办理证件和批件。(5)组织设计交底。(6)支付合同价款。(7)组织竣工验收(组织法人验收)。(8)其他义务。

29.ABE 【解析】固体废弃物包括工程弃渣、工程废弃物、生活垃圾、危险废弃物等,其处置应做到资源化、减量化与无害化。

30.ABCD 【解析】工程中常见管路着色如下:供油管着红色;排油管着黄色;供水管着蓝色;排水管着绿色;压缩空气管着白色;消防水管着红色。

三、实务操作和案例分析题

案例(一)

1.(1)高处作业级别:二级;种类:特殊高处作业中的夜间高处作业。

(2)生产安全事故等级:一般事故。

(3)该脚手架临空侧应搭设防护栏杆、挡脚板或防护立网。

2.不妥之处一:达到或超过一定规模的危险性较大单项工程的专项施工方案未按规定组织专家论证擅自施工。

改正:超过一定规模的危险性较大单项工程的专项施工方案未按规定组织专家论证、审查擅自施工。

不妥之处二:围堰位移及渗流量超过设计要求。

改正:围堰位移及渗流量超过设计要求,且无有效管控措施。

3.不妥之处:施工单位组织填写了质量缺陷备案表。

改正:质量缺陷备案表应由监理单位组织填写。

质量缺陷备案表还应填写的内容:对质量缺陷是否处理和如何处理以及对建筑物使用的影响。

4.该施工单位未达到安全生产标准化一级标准。理由:一级评审得分需在90分以上(含90分),且各一级评审项目得分不低于应得分的70%。

【解析】

本案例第1问主要考查高处作业的级别和种类、生产安全事故等级。高处作业是指在距坠落高度基准面2 m或2 m以上有可能坠落的高处进行的作业。高处作业高度分为2 m至5 m、5 m以上至15 m、15 m以上至30 m及30 m以上四个区段,依次为一级高处作业、二级高处作业、三级高处作业、特级高处作业。高处作业的种类分为特殊高处作业和一般高处作业两种。特殊高处作业包括强风高处作业(阵风风力6级以上)、异温高处作业(高温或低温环境)、雪天高处作业(降雪时)、雨天高处作业(降雨时)、夜间高处作业(室外完全采用人工照明时)、带电高处作业(在接近或接触带电体条件下)、悬空高处作业(在无立足点或无牢靠立足点条件下)、抢救高处作业(对突然发生的各种灾害事故进行抢救)。一般高处作业是指除特殊高处作业以外的高处作业。水利生产安全事故分级标准如下:(1)特别重大事故,是指造成30人以上死亡,或者100人以上重伤(包括急性工业中毒,下同),或者直接经济损失1亿元以上的事故。(2)重大事故,是指造成10人以上30人以下死亡,或者50人以上100人以下重伤,或者直接经济损失5 000万元以上1亿元以下的事故。(3)较大事故,是指造成3人以上10人以下死亡，或者10人以上50人以下重伤，或者直接经济损失1 000万元以上5 000万元以下的事故。(4)一般事故，是指造成3人以下死亡，或者3人以上10人以下重伤，或者直接经济损失100万元以上1 000万元以下的事故。(5)较大涉险事故，是指发生涉险10人以上，或者造成3人以上被困或下落不明，或者需要紧急疏散500人以上，或者危及重要场所和设施(电站、重要水利设施、危化品库、油气田和车站、码头、港口、机场及其他人员密集场所)的事故。上述所称的"以上"包括本数，所称的"以下"不包括本数。

本案例第2问主要考查水利工程生产安全重大事故隐患清单相关内容。具体可参考《水利工程生产安全重大事故隐患清单指南(2023年版)》附件1"水利工程建设项目生产安全重大事故隐患清单指南"进行学习。

本案例第3问主要考查质量缺陷备案。质量缺陷备案表由监理单位组织填写，内容应真实、准确、完整。各工程参建单位代表应在质量缺陷备案表上签字，若有不同意见应明确记载。质量缺陷备案表应及时报工程质量监督机构备案。质量缺陷备案资料按竣工验收的标准制备。工程竣工验收时，项目法人应向竣工验收委员会汇报并提交历次质量缺陷备案资料。质量缺陷备案表的内容包括质量缺陷产生的部位、原因，对质量缺陷是否处理和如何处理以及对建筑物使用的影响等。

本案例第4问主要考查水利安全生产标准化等级的评定。水利安全生产标准化等级分为一级、二级和三级，依据评审得分确定，评审满分为100分。具体标准为：(1)一级。评审得分90分以上(含)，且各一级评审项目得分不低于应得分的70%。(2)二级。评审得分80分以上(含)，且各一级评审项目得分不低于应得分的70%。(3)三级。评审得分70分以上(含)，且各一级评审项目得分不低于应得分的60%。(4)不达标。评审得分低于70分，或任何一项一级评审项目得分低于应得分的60%。

案例(二)

1.(1)总工期为：30+45+50+20+20+20+25+5=215(天)。

(2)关键线路：①→②→③→④→⑥→⑧→⑨→⑩→⑪。

(3)增加部分的工程费用为：(3×0.15×15)+[(1-3×0.15)×12]=13.35(万元)。

2.(1)事件1：责任方为发包人，影响总工期6天。

(2)事件2：责任方为承包人，影响总工期5天。

(3)事件3：责任方为发包人，不影响总工期。

3.启闭机还应进行空运转试验、动载试验和静载试验。

4.(1)实际总工期为：215+6+5-5-5-1=215(天)。

(2)承包人获得的赶工费用：10 000×6=6(万元)。

【解析】

本案例第1问主要考查工期和工程费用计算以及关键线路的判断。具体内容及计算过程详见答案。

本案例第2问主要考查发包人、承包人的责任以及工期影响的判断。事件1中，承包人基坑开挖后揭露的地质条件变化，导致工程量增加，属于不利物质条件，为发包人责任。且基坑开挖为关键工作，推迟6天完成则影响总工期6天。事件2中，安装工程质量问题返工，发包人并无过错，属于承包人责任。且底槛导轨等埋件安装属于关键工作，影响总工期5天。事件3中，由于发包人原因导致设计变更，增加工程量费用需由发包人承担。但增加工作不属于关键工作，且下游施工有20天的总时差，所以不影响总工期。

本案例第3问主要考查启闭机的试验。启闭机试验包括：(1)空运转试验。启闭机出厂前，在未安装钢丝绳和吊具的组装状态下进行的试验。(2)空载试验。启闭机在无荷载状态下进行的运行试验和模拟操作。(3)动载试验。启闭机在1.1倍额定荷载状态下进行运行试验和操作。主要目的是检查起升机构、运行机构和制动器的工作性能。(4)静载试验。启闭机在1.25倍额定荷载状态下进行的静态试验和操作。主要目的是检验启闭机各部件和金属结构的承载能力。

本案例第4问主要考查工期及费用的计算。具体计算过程详见答案。

案例(三)

1.渠道土方开挖的弃土量：1 413 600-915 535/0.85=336 500(m^3)。

2.不合理。理由：承包人要求的土方填筑915 535 m^3属于清单工程量，不能作为计量依据，土方填筑计量应根据施工图纸计算的工程量确定。

3.合理。理由：普通混凝土有效工程量不扣除设计单体截面积小于0.1 m^2的孔洞、排水管、预埋管和凹槽等所占的体积。事件2中，护坡上布置的每根排水管截面积为0.11 m^2，大于0.1 m^2，因此排水管所占体积需要扣除。

4.承包人的申请不能获得同意。理由：建设单位应当在合同中单独约定并于工程开工日1个月内向承包单位支付至少50%企业安全费用。事件3中，承包人要求一次性支付不符合规定，故不能获得同意。

5.(1)合理。理由：若承包人不具备承担暂估价项目的能力或具备承担暂估价项目的能力但明确不参与投标的，由发包人和承包人组织招标。

(2)闸门和启闭机采购列入暂估价项目需满足：闸门和启闭机采购费用是在工程量清单中给定的用于支付必然发生，但暂时不能确定价格的材料、设备以及专业工程的金额。

【解析】

本案例第1问主要考查土方开挖工程工程量计算规则。土方开挖工程计量应符合以下要求：(1)场地平整的工程量计算规则是按施工图纸所示场地平整面积计量。(2)土方开挖工程量清单项目的工程量计算规则。一般土方开挖，渠道土方开挖，沟、槽土方开挖，坑土方开挖，砂砾石开挖，平洞土方开挖，斜洞土方开挖，竖井土方开挖均按施工图纸所示轮廓尺寸范围以内的有效自然方体积计量。施工过程中增加的超挖量和施工附加量所发生的费用，应摊入有效工程量的工程单价中。(3)夹有孤石的土方开挖，大

于0.7 m^3的孤石按石方开挖计量。(4)土方开挖工程均包括弃土运输的工作内容，开挖与运输不在同一标段的工程，应分别选取开挖与运输的工作内容计量。

本案例第2问主要考查土方填筑工程工程量计算规则。土方填筑工程包含以下内容：(1)填筑土石料的松实系数换算，无现场土工实验资料时，参照相关规定确定。(2)土石方填筑工程工程量清单项目的工程量计算规则。按施工图纸所示尺寸计算的填筑体有效压实方体积计量。施工过程中增加的超填量、施工附加量、填筑体及基础的沉陷损失、填筑操作损耗等所发生的费用，应摊入有效工程量的工程单价中；抛投水下的抛填物，石料抛投体积按抛投石料的堆方体积计量，钢筋笼块石或混凝土块抛投体积按抛投钢筋笼或混凝土块的规格尺寸计算的体积计量。(3)钢筋笼块石的钢筋笼加工，按招标设计文件要求和钢筋、钢构件加工及安装工程的计量计价规则计算，摊入钢筋笼块石抛投有效工程量的工程单价中。

本案例第3问主要考查普通混凝土工程量计算规则。普通混凝土按施工图纸所示尺寸计算的有效实体方体积计量。体积小于0.1 m^3的圆角或斜角，钢筋和金属件占用的空间体积小于0.1 m^3或截面积小于0.1 m^2的孔洞、排水管、预埋管和凹槽等的工程量不予扣除。按设计要求对上述孔洞所回填的混凝土也不重复计量。施工过程中由于超挖引起的超填量，冲(凿)毛、拌合、运输和浇筑过程中的操作损耗所发生的费用(不包括以总价承包的混凝土配合比试验费)，应摊入有效工程量的工程单价中。

本案例第4问主要考查企业安全生产费用提取和使用要求。建设工程施工企业以建筑安装工程造价为依据，于月末按工程进度计算提取企业安全生产费用。提取标准如下：矿山工程3.5%；铁路工程、房屋建筑工程、城市轨道交通工程3%；水利水电工程、电力工程2.5%；冶炼工程、机电安装工程、化工石油工程、通信工程2%；市政公用工程、港口与航道工程、公路工程1.5%。建设工程施工企业编制投标报价应当包含并单列企业安全生产费用，竞标时不得删减。建设单位应当在合同中单独约定并于工程开工日1个月内向承包单位支付至少50%企业安全生产费用。总包单位应当在合同中单独约定并于分包工程开工日1个月内将至少50%企业安全生产费用直接支付分包单位并监督使用，分包单位不再重复提取。工程竣工决算后结余的企业安全生产费用，应当退回建设单位。

本案例第5问主要考查暂估价的含义及适用范围。暂估价是指发包人在工程量清单中给定的用于支付必然发生，但暂时不能确定价格的材料、设备以及专业工程的金额，可能会影响招标效果。暂估价项目应符合下列要求：(1)若承包人不具备承担暂估价项目的能力或具备承担暂估价项目的能力但明确不参与投标的，由发包人和承包人组织招标。(2)若承包人具备承担暂估价项目的能力且明确参与投标的，由发包人组织招标。(3)暂估价项目中标金额与工程量清单中所列金额差以及相应的税金等其他费用列入合同价格。(4)必须招标的暂估价项目招标组织形式、发包人和承包人组织招标时双方的权利义务关系在专用合同条款中约定。(5)发包人在工程量清单中给定暂估价的材料和工程设备不属于依法必须招标的范围或未达到规定的规模标准的，应由承包人按约定提供。(6)经监理人确认的材料、工程设备的价格与工程量清单中所列的暂估价的金额差以及相应的税金等其他费用列入合同价格。(7)发包人在工程量清单中给定暂估价的专业工程不属于依法必须招标的范围或未达到规定的规模标准的，由监理人按照变更的估价原则进行估价，但专用合同条款另有约定的除外。(8)经估价的专业工程与工程量清单中所列的暂估价的金额差以及相应的税金等其他费用列入合同价格。

案例(四)

1.1代表铺盖；2代表护坦(消力池)；3代表闸门；4代表胸墙；5代表启闭机。

2.上游联结段；下游联结段；闸门及启闭机安装；闸室段；地基防渗与排水。

3.造成混凝土和易性差的主要原因还有：

(1)配合比不良。

(2)拌合时间不够，拌合机故障。

(3)未用称量法配料，集料用体积法计量，加水量用水管出水时间估计误差太大；称量设备故障。

(4)未根据集料分离情况调整配合比参数，或调整不当。

(5)人为减少水泥、砂子用量，造成混凝土和易性差。

4.A代表模板制作；B代表钢筋加工制作；C代表混凝土运输；D代表混凝土养护。

【解析】

本案例第1问主要考查水闸的组成。水闸的组成部分包括上游联结段、闸室(主体)和下游联结段组成。上游联结段包括上游翼墙、铺盖、上游护底、上游两岸护坡和上游防冲槽等。闸室包括底板、闸门、启闭机、闸墩、胸墙、工作桥、交通桥等。下游联结段包括护坦(消力池)、海漫、下游翼墙、下游两岸护坡和下游防冲槽等。

本案例第2问主要考查水闸工程项目划分。水闸工程单位工程可划分为泄洪闸、冲砂闸、进水闸。分部工程可划分为上游联结段、地基防渗及排水、闸室段(土建)、消能防冲段、下游联结段、交通桥(工作桥)、金属结构及启闭机安装、闸房。

本案例第3问主要考查混凝土和易性差的主要原因。混凝土和易性差的主要原因包括：(1)未进行施工配合比试验，或施工配合比未经监理审核批准；原材料未检测或检测频次不足；拌合站计量器具未定期校验，配料系统称重误差超标；骨料含水量变化时未调整用水量；混凝土和易性差，力学性能不满足设计要求等。上述的每一项控制不到位，均可能引起混凝土和易性不良。(2)拌合时间不够，拌合机故障。(3)未根据骨料分离情况调整配合比参数，或调整不当。(4)人为减少水泥、砂子用量，造成混凝土和易性差。

本案例第4问主要考查闸墩混凝土施工工艺流程。具体内容详见答案。

准考证号________ 姓名________ 工作单位________

★★★★密封线内不要答题★★★★

全国二级建造师执业资格考试

水利水电工程管理与实务

2024年二级建造师考试真题(一)

题 号	一	二	三	总 分
分 数				

说明:2024年二建考试形式为1天考3科,一共有两套试卷。

得 分	评卷人

一、单项选择题(共20题,每题1分。每题的备选项中,只有1个最符合题意)

1. 下列水泵中,属于轴流泵的是 ( )
A. 离心泵 B. 立式泵
C. 蜗壳泵 D. 导叶泵

2. 建筑物级别为4级的土石围堰,其洪水标准为( )年。
A. 5~10 B. 10~20
C. 20~30 D. 30~50

3. 水库调洪库容是指( )之间的库容。
A. 校核洪水位与防洪限制水位 B. 设计洪水位与正常蓄水位
C. 防洪限制水位与死水位 D. 校核洪水位与死水位

4. 2级永久性水工建筑物中,闸门的合理使用年限应为( )年。
A. 30 B. 40
C. 50 D. 60

5. 闸墩混凝土保护层最小厚度为( )mm。
A. 20 B. 25
C. 30 D. 35

6. 岩层层面与水平面的交线方向称为 ( )
A. 倾向 B. 走向
C. 岩向 D. 产向

7. 工程常见的边坡变形破坏类型有( )种。
A. 2 B. 3
C. 4 D. 5

8. 关于施工放样的说法,正确的是 ( )
A. 采用1988国家高程基准 B. M越小,比例尺越小
C. "由整体到局部"的原则 D. 各细部的放样精度应一致

9. 建筑材料在自然状态下单位体积的质量称为 ( )
A. 堆积密度 B. 表观密度
C. 自然密度 D. 密实度

10. 水利工程建设程序一般分为( )个阶段。
A. 4 B. 6
C. 8 D. 10

11. 土工网合成材料常用于 ( )
A. 减少软基沉降 B. 基础排水
C. 提高土体的刚度 D. 坡面防护

12. 土石等级共划分为( )级。
A. 4 B. 8
C. 10 D. 16

13. 按产生原因不同,混凝土工程裂缝分为( )类。
A. 2 B. 3
C. 4 D. 5

14. 下列颜色中,适用于水泵轴涂色的是 ( )
A. 黑色 B. 米黄色
C. 银白色 D. 红色

15. 堤防工程养护后,堤顶平均每5 m长堤段纵向高差不应大于( )m。
A. 0.05 B. 0.10
C. 0.15 D. 0.20

16. 根据《关于全面推行河长制的意见》,全面建立( )级河长体系。
A. 二 B. 三
C. 四 D. 五

17. 根据《标准化法》,标准分为( )个层次。
A. 3 B. 4
C. 5 D. 6

18. 绿色施工中,对工程弃渣堆体稳定性,宜( )监测1次。
A. 每月 B. 每季
C. 半年 D. 一年

19. 混凝土集料试验时,若有( )项以上试验结果不符合规定,则判定该批次产品不合格。
A. 两 B. 三
C. 四 D. 五

20. 关于土石坝(堤防)和重力坝的说法,正确的是 ( )
A. 土石坝与混凝土重力坝的坝高分类标准相同
B. 土石坝坝顶横向坡度宜为1%~2%
C. 堤防堤顶纵向坡度宜为2%~3%
D. 土石坝坝顶宽度应根据坝顶交通要求确定

得 分	评卷人

二、多项选择题(共10题,每题2分。每题的备选项中,有2个或2个以上符合题意,至少有1个错项。错选,本题不得分;少选,所选的每个选项得0.5分)

21. 工程建设中,水泥必检项目有 ( )
A. 凝结时间 B. 标准稠度用水量
C. 细度 D. 体积安定性
E. 强度

22. 阐述水工建筑物合理使用年限用到的关键词语有 （ ）
A. 正常使用 B. 维修条件
C. 设计功能 D. 最低要求年限
E. 发挥效益

23. 地形图反映 （ ）
A. 山脉水系分布 B. 人工建筑物分布
C. 地表形态的成因 D. 森林植被分布
E. 地表起伏状态

24. 北斗卫星导航系统可以为用户提供精密的 （ ）
A. 时间 B. 速度
C. 三维坐标 D. 误差分析
E. 误差纠正

25. 关于钢筋分类和应用的说法，正确的有 （ ）
A. 随着含碳量增加，钢筋的强度提高
B. 热处理工艺使得钢筋强度能较大幅度提升
C. 热处理钢筋的应力－应变曲线上有流幅段
D. 牌号 HPB 代表热轧带肋钢筋
E. 牌号 CRB 代表高延性冷轧带肋钢筋

26. 下列工作中，属于水泵机组辅助设备安装工作的有 （ ）
A. 油压装置安装 B. 空气压缩装置安装
C. 进水管道安装 D. 电气设备安装
E. 传动装置安装

27. 土方填筑体与刚性建筑物结合部发生接触渗透破坏，主要原因有 （ ）
A. 刚性建筑物表面刷浆不符合规范要求 B. 刚性建筑物有裂缝
C. 结合部未采用高塑性土料填筑 D. 土料填筑未均衡上升
E. 反滤料填筑不符合规范要求

28.《水法》针对各类生产建设活动的特点以及可能产生的危害，分别作出了（ ）规定。
A. 禁止性 B. 限制性
C. 鼓励性 D. 时效性
E. 技术性

29. 下列内容中，属于水利技术标准“前引部分”的有 （ ）
A. 封面 B. 修订说明
C. 发布公告 D. 前言
E. 目次

30. 关于土石坝（堤防）和混凝土重力坝的说法，正确的有 （ ）
A. 混凝土重力坝溢流坝段与非溢流坝段之间应设置导墙
B. 堤顶宽度不宜小于 3 m
C. 土石坝的坝面必须设坝面排水
D. 土石坝棱体排水断面为五边形
E. 土石坝防浪墙宜采用与坝体连成整体的混凝土结构

得 分	评卷人

三、实务操作和案例分析题（共 4 题，每题 20 分）

【案例一】

背景

某中型水库工程由土石坝、泄洪闸、放水洞等建筑物组成。土石坝坝坡排水采用贴坡排水，排水布置示意图如图 1 所示。泄洪闸坐落在软土地基上，闸室采用钻孔灌注桩基础。

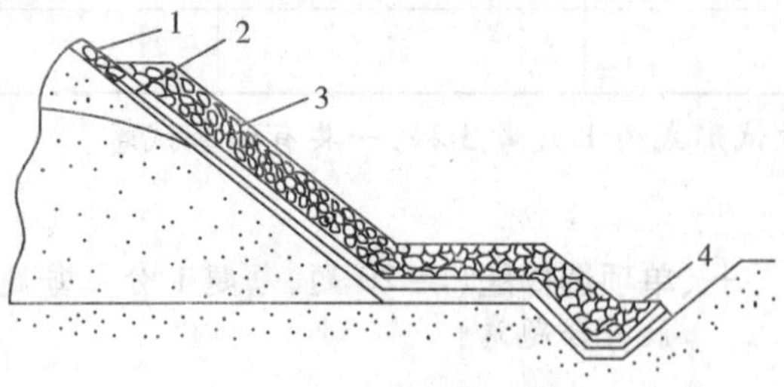

图 1 排水布置示意图

施工过程中发生如下事件：

事件 1：施工单位根据《水利水电工程施工组织设计规范》编制了混凝土工程施工方案，其中 2.0 m 厚的泄洪闸底板混凝土单仓最大浇筑量为 1 000 m³。分 5 坯层浇筑（每层浇筑方量相同），混凝土初凝时间为 4 h，混凝土从拌合设备出机口至入仓历时 1 h，混凝土浇筑生产不均匀系数为 1.2，施工方案按混凝土分块仓面强度计算法对生产系统规模进行了计算，其计算公式为 $P \geqslant KF\delta/(t_1-t_2)$，拟采用 2 台生产能力为 35 m³/h 的 JS750 型混凝土拌合机进行拌合生产。

事件 2：灌注桩采用正循环钻孔工艺进行施工，钻孔灌注桩施工工序流程如图 2 所示，除图中注明的施工工序外，还包括①钢筋笼安装、②混凝土浇筑、③钻孔、④护筒埋设、⑤第二次清孔等工序。

钢筋笼制作 ↓（至 C）

放样 → A → 泥浆制作 → B → 第一次清孔 → C → 导管安装 → D → E → 移机于下一根桩

图 2 钻孔灌注桩施工工序流程

事件 3：土石坝填筑过程中，发现地形高差不大的黏性土料场中土料的含水量偏低，施工单位采取了在料场加水的施工措施。

问题：

1. 指出图 1 中 1，2，3，4 代表的名称。

2. 事件 1 中，计算混凝土的最大浇筑强度；判断拟采用的混凝土拌合设备是否满足浇筑能力要求；列出影响拌合设备生产能力的主要因素。

3. 指出图 2 中 A，B，C，D，E 分别代表的施工工序名称（可用序号表示）。

★
★
★
★
密
封
线
内
不
要
答
题
★
★
★
★

4. 事件 3 中，料场加水的有效措施有哪些？

【案例二】

背景

某引调水工程主要建筑物包括取水口泵站、输水明渠、沿线排水及交叉建筑物等。输水干线总长 33.6 km，其中桩号 8 + 650 ~ 桩号 12 + 690 为岗地切岭段，渠道最大开挖深度为 26.0 m。施工过程中发生如下事件：

事件 1：施工单位现场专职安全生产管理人员履行下列安全管理职责：

(1)组织制定项目安全生产管理规章制度、操作规程等。

(2)组织本工程安全技术交底。

(3)组织施工组织设计、专项工程施工方案的编制和审查。

(4)组织开展本项目安全教育培训、考核。

(5)制止和纠正工程施工违章指挥。

事件 2：施工单位针对岗地切岭段渠道土方开挖和边坡防护编制了专项施工方案，组织专家对该施工方案进行了审查论证，并经相关人员审核签字后组织实施。审查论证会专家组成员包括项目法人单位技术负责人、总监理工程师、设计项目负责人、专职安全生产管理人员及 5 名特邀技术专家。

事件 3：取水口泵站基坑开挖前，施工单位编制了施工组织设计（部分内容如下），对现场危险部位进行了标识，并设置了安全警示标志。

(1)施工用电由系统电网接入，现场安装变压器一台。

(2)基坑深度为 8.3 m，开挖边坡坡比为 1∶2。

(3)泵房墩墙施工采用钢管脚手架支撑，中间设施工通道。

(4)混凝土浇筑采用塔式起重机进行垂直运输。

事件 4：某段切岭部位渠道在开挖至接近渠底设计高程时，总监理工程师检查发现渠道顶部地表出现裂缝，并有滑坡迹象，即指示施工单位暂停施工，撤离现场施工人员，查明原因消除隐患后再恢复施工，但施工单位认为地表裂缝属正常现象未予理睬，不久边坡发生坍塌，造成 4 名施工人员被掩埋，其中 3 人死亡，1 人重伤。事故发生后，相关部门启动了应急响应。

问题：

1. 根据《水利水电工程施工安全管理导则》，指出事件 1 中哪些职责不属于专职安全生产管理人员的安全管理职责（可用序号表示），其中属于施工单位技术负责人安全管理职责的有哪些？

2. 根据《水利水电工程施工安全管理导则》，指出事件 2 中专家组组成的不妥之处，该专项施工方案需要哪些人员审核签字后方可组织实施？

3. 根据《建设工程安全生产管理条例》，事件 3 中哪些部位应设置安全警示标志？

4. 根据《水利部生产安全事故应急预案》，指出事件 4 的生产安全事故等级和主要责任单位；该事故发生后应启动几级应急响应？

【案例三】

背景

某环湖大堤加固工程，工程内容包括堤身防护工程护脚、节制闸工程、涵闸工程和绿化工程等。发包人依据《水利水电工程标准施工招标文件》编制了施工招标文件。招标文件中，护脚设计方案为五铰格网 + 大抛石组合方案。招投标及施工过程中发生如下事件：

事件 1：投标人甲的投标文件所载施工工期前后不一致，评标委员会书面要求投标人甲澄清。投标人甲按时提交了书面澄清答复，统一了工期，评标委员会予以认可。评标公示显示，投标人甲未被评为中标候选人。评标公示期间，投标人乙以前述澄清有关事项存在不合理为由提出评标异议。招标人认为异议针对的是非中标候选人，不影响中标候选人资格，异议不成立。在收到异议后第 4 日，招标人按上述意见书面答复投标人乙。异议处理期间，招标人向中标人发放了中标通知书。

事件 2：投标人丙的投标文件中，2 m^3 液压挖掘机施工机械台时费计算如表 1 所示。

表 1　2 m^3 液压挖掘机施工机械台时费计算

项目		单位	数量	备注
第一类费用	折旧费	元	89.06	营改增调整系数为 1.13
	修理费及替换设备费	元	54.68	营改增调整系数为 1.09
	安装拆卸费	元	3.56	
	小计	元		
第二类费用	小工	A	2.7	
	B	kg	20.2	

事件 3：施工过程中，设计单位将护脚五铰格网 + 大抛石组合方案调整为大抛石方案。监理人将该方案调整按变更处理。变更过程中承包人和监理人往来文件涉及变更指示、变更意向书、变更实施方案、变更估价书等。

事件 4：承包人将绿化工程以劳务分包形式分包给某劳务作业队伍。劳务分包合同约定的劳务费包含人工、材料、机械等所有费用。发包人认定该行为为转包，属于严重合同问题，责令承包人立即整改。

问题：

1. 事件 1 中，评标委员会要求投标人甲对投标文件澄清是否合理？说明理由。指出并改正评标异议处理过程中的不妥之处。

2. 事件 2 中，指出 A，B 所代表的单位（或项目）名称。列式计算第一类费用。（计算结果保留小数点后 2 位）

3. 事件 3 所列承包人和监理人往来文件中，分别指出监理人和承包人发出的文件名称。

4. 事件 4 中，指出并改正发包人对承包人行为认定的不妥之处。

【案例四】

背景

发包人与承包人依据相关规定签订某水闸工程施工合同。合同约定水闸闸门由发包人提供。施工过程中发生如下事件:

事件1:承包人编制并经监理人批准的水闸工程施工进度计划如图3所示(每月按30天计),每项混凝土工程按月均衡施工。

项目	天	单位	工程量	2022年							
				5月	6月	7月	8月	9月	10月	11月	12月
混凝土A	150	m^3	58 500	——	——	——	——	——			
混凝土B	120	m^3	32 000		——	——	——	——			
混凝土C	60	m^3	800						——	——	
干砌石	60	m^3	6 500							——	——

图3 水闸工程施工进度计划

事件2:承包人负责采购的钢筋运抵现场,承包人自行进行了资料核查和外观检查后办理交货验收手续。承包人核查钢筋标牌注明的内容包括生产日期、规格、尺寸等。

事件3:因闸门制造验收未按时完成推迟了交货时间,导致闸门安装推迟10天开始,产生窝工费3万元。承包人向监理人提出了延长工期10天,增加费用3万元的要求,闸门安装前,承包人进行了闸门标志检查并对闸门的损伤、泥土和锈迹等进行了处理。

事件4:竣工图章如图4所示。

A		
B		
C	技术负责人	D
监理单位		
E		审核日期

图4 竣工图章式样

问题:

1. 根据图3分别计算2022年5月~11月每个月的混凝土浇筑工程量。

2. 事件2中,指出并改正承包人做法的不妥之处;除事件2所列内容外,钢筋标牌注明的内容还有哪些?

3. 事件3中,监理人是否应同意承包人的要求?说明理由。除事件3所述检查和处理内容外,闸门安装前,承包人还应做哪些工作?

4. 指出图4中A,B,C,D,E所代表的内容。

参考答案及解析

一、单项选择题

1. B 【解析】轴流泵按叶片可调节角度可分为全调节式轴流泵、半调节式轴流泵和固定式轴流泵;按泵轴安装方式可分为立式轴流泵、卧式轴流泵和斜式轴流泵。

2. B 【解析】临时性水工建筑物洪水标准,应根据建筑物的结构类型和级别,按下表的规定综合分析确定。

临时性水工建筑物洪水标准

建筑物结构类型	临时性水工建筑物级别		
	3	4	5
土石结构/[重现期(年)]	20~50	10~20	5~10
混凝土、浆砌石结构/[重现期(年)]	10~20	5~10	3~5

3. A 【解析】水库特征水位和库容的关系如下图所示。

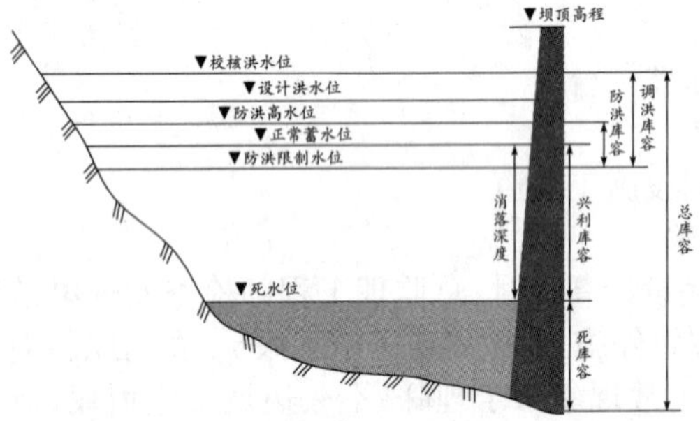

4. C 【解析】1级、2级永久性水工建筑物中闸门的合理使用年限应为50年,其他级别的永久性水工建筑物中闸门的合理使用年限应为30年。

5. C 【解析】合理使用年限为50年的水工结构钢筋的混凝土保护层厚度不应小于下表所列值。由表可知,闸墩混凝土保护层最小厚度为30 mm。

混凝土保护层最小厚度

项次	构件类别	环境类别				
		一	二	三	四	五
1	板、墙	20	25	30	45	50
2	梁、柱、墩	30	35	45	55	60
3	截面厚度不小于2.5 m的底板及墩墙	—	40	50	60	65

6. B 【解析】结构面的产状由走向、倾向和倾角三个要素表示。其中,走向是结构面在空间延伸的方向,用结构面(如岩层层面)与水平面交线表示。

7. C 【解析】工程常见的边坡变形破坏类型主要有4种,分别是崩塌、滑动(滑坡)、蠕变(蠕动变形)和松弛张裂。

8. C 【解析】目前我国采用的高程起算统一基准是1985国家高程基准。故选项A错误。地形图比例尺采用数字比例尺表示时,M越小,比例尺越大;M越大,比例尺越小。故选项B错误。施工放样应遵循由整体到局部、先控制后碎部的原则,由建筑物主轴线确定建筑物细部相对位置,测设细部的精度应比测设主轴线的精度高,各细部的测设精度要求不一样。故选项C正确,选项D错误。

9. B 【解析】表观密度是指材料在自然状态下(长期在空气中存放的干燥状态)的质量与表观体积之比,即材料在自然状态下单位体积的质量。

10. C 【解析】根据《水利工程建设程序管理暂行规定》,水利工程建设程序一般分为:项目建议书、可行性研究报告、施工准备、初步设计、建设实施、生产准备、竣工验收、后评价等8个阶段。

11. D 【解析】土工网具有抗拉强度较低、延伸率较高的特点,常用于软弱地基加固垫层、坡面防护、植草以及用来制造组合土工材料。

12. D 【解析】土石等级共划分为16级。其中,土根据开挖难易程度、开挖方法等分为4级,岩石根据坚固系数的大小分为12级。

13. D 【解析】按产生原因不同,混凝土工程裂缝分为施工缝、温度缝、干缩缝、沉降缝和应力缝5类。其中,施工缝可采用钻孔灌浆,也可采用喷浆或表面凿槽嵌补的方法进行修补;温度缝、沉降缝可采用柔性材料(如环氧砂浆贴橡皮),也可采用钻孔灌浆的方法进行修补。

14. D 【解析】水泵、电动机脚踏板、回油箱应涂黑色。电动机定子外壳、上机架、下机架外表面应涂米黄色或浅灰色。栏杆(不包括镀铬栏杆、不锈钢栏杆)应涂银白色或米黄色。主电机轴和水泵轴应涂红色。

15. B 【解析】堤顶养护应做到堤线顺直,饱满平坦,无车槽,无明显凹陷、起伏,平均每5.0 m长堤段纵向高差不应大于0.1 m。堤顶应设单侧或双侧横向坡,坡度宜保持在2%~3%。

16. C 【解析】根据《关于全面推行河长制的意见》,我国全面建立省、市、县、乡四级河长体系。各省

(自治区、直辖市)设立总河长,由党委或政府主要负责同志担任;各省(自治区、直辖市)行政区域内主要河湖设立河长,由省级负责同志担任;各河湖所在市、县、乡均分级分段设立河长,由同级负责同志担任。

17. C 【解析】标准(含标准样品),是指农业、工业、服务业以及社会事业等领域需要统一的技术要求。标准包括国家标准、行业标准、地方标准和团体标准、企业标准。国家标准分为强制性标准、推荐性标准,行业标准、地方标准是推荐性标准。

18. A 【解析】工程弃渣、固体废物的监测参数为渣堆稳定性、对水环境影响。监测时机为:(1)工程弃渣堆放处每月1次、雨季每周1次。(2)固体废物露天堆放处每月1次,雨季每月2次。

19. A 【解析】混凝土集料试验时,若试验结果符合相关规定要求,则判定该批次产品合格。若有一项指标不符合规定时,应进行复验,取样时从同批次产品中加倍取样;复验结果符合规定,则该批次产品合格,否则不合格。若有两项以上试验结果不符合规定,则判定该批次产品不合格。

20. A 【解析】土石坝坝顶横向坡度宜为2% ~3%。故选项B错误。堤顶应设单侧或双侧横向坡,坡度宜保持在2% ~3%。故选项C错误。土石坝坝顶宽度应根据构造、施工、运行管理和抗震等因素确定。故选项D错误。

二、多项选择题

21. DE 【解析】水泥试验主要包括标准稠度用水量试验、细度试验、凝结时间试验、体积安定性及强度试验、水化热试验。其中,工程建设中的必检项目是体积安定性及强度试验;水化热试验是大体积混凝土所需进行的试验。

22. ABCD 【解析】水利水电工程及其水工建筑物合理使用年限是指水利水电工程及其水工建筑物建成投入运行后,在正常运行使用和规定的维修条件下,能按设计功能安全使用的最低要求年限。

23. ABD 【解析】地形是指地表以上分布的固定物体所共同呈现出的高低起伏的各种状态,一般用地形图表示。地形图可以反映山脉水系、人工建筑物、森林植被、自然景物、地势高低、高程、地表形态等的分布。选项C,E是地貌图反映的内容。

24. ABC 【解析】北斗卫星导航系统是中国自行研制的全球卫星导航系统,也是继GPS、GLONASS之后的第三个成熟的卫星导航系统。北斗卫星导航系统可在全球范围内全天候、全天时为各类用户提供精密的时间、速度和三维坐标。

25. AB 【解析】热处理钢筋属于无物理屈服点的钢筋,其应力-应变曲线上没有流幅段。故选项C错误。牌号HPB代表热轧光圆钢筋。故选项D错误。牌号CRB代表冷轧带肋钢筋,高延性冷轧带肋钢筋由"CRB+钢筋抗拉强度特征值+H"表示。故选项E错误。

26. AB 【解析】水泵机组安装包括主机组、辅助设备、电气设备和进出水管道等的安装。其中,辅助设备安装的主要工作有:空气压缩装置安装、油压装置安装、真空破坏装置安装、供排水泵安装、其他管件安装。

27. AC 【解析】接触渗流破坏的现象包括:(1)土质防渗体(填筑体,下同)与岸坡结合部有渗透水流或渗透变形破坏。(2)土质防渗体与刚性建筑物结合部发生接触渗透破坏。主要原因包括:(1)土质防渗体与岸坡或刚性建筑物的接触面未完全按规范要求进行清理。(2)岩面、混凝土表面洒水或刷浆不符合施工规范要求。(3)结合部未采用高塑性土料填筑。(4)结合部土料填筑的铺料厚度、压实机具、碾压方法不符合施工规范要求。(5)结合部渗径不足。(6)渗流出口未采取反滤保护措施。

28. AB 【解析】为了合理开发、利用、节约和保护水资源,防治水害,实现水资源的可持续利用,适应国民经济和社会发展的需要,制定《水法》。《水法》针对各类生产建设活动的特点以及可能产生的危害,分别作出了禁止性和限制性规定。

29. ACDE 【解析】水利技术标准内容包括前引部分、正文部分和补充部分。"前引部分"包括封面、发布公告、前言和目次;"正文部分"包括总则,术语、符号和代号,技术内容;"补充部分"包括附录和标准用词说明。

30. AD 【解析】堤顶宽度应根据防汛、管理、施工、构造及其他要求确定。堤顶宽度,1级堤防不宜小于8 m;2级堤防不宜小于6 m;3级及以下堤防不宜小于3 m。故选项B错误。除干砌石或堆石、抛石护坡外,土石坝的坝面均应设坝面排水。故选项C错误。混凝土重力坝防浪墙宜采用与坝体连成整体的钢筋混凝土结构。故选项E错误。

三、实务操作和案例分析题

案例(一)

1. 1代表护坡;2代表反滤层;3代表排水体;4代表排水沟。

2. (1)最大浇筑强度:1.2×1 000/5/(4-1) = 80(m^3/h)。

(2)80 m^3/h > 2×35 m^3/h,故不满足浇筑能力要求。

(3)影响拌合设备生产能力的主要因素包括设备容量、台数与生产率。

3. A:④;B:③;C:①;D:⑤;E:②。

4. 料场加水的有效措施包括分块筑畦埂、灌水浸渍、轮换取土。

【解析】

本案例第1问主要考查坝体排水中的贴坡排水。贴坡排水可以防止坝坡土发生渗透破坏,保护坝坡免受下游波浪淘刷,与坝体施工干扰较小,易于检修,但不能有效地降低浸润线。要防止坝坡冻胀,需要将反滤层加厚到超过冻结深度。贴坡排水顶部应高于坝体浸润线的逸出点。贴坡排水常用的断面形式如下图所示。

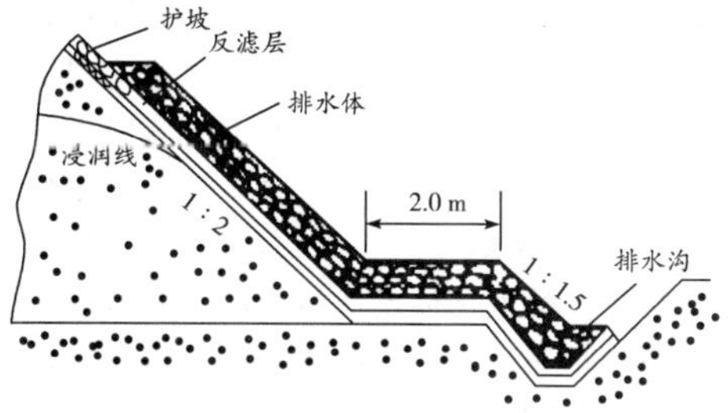

本案例第2问主要考查混凝土生产系统规模的计算。按混凝土分块仓面强度计算法对生产系统规模核算的公式为:$P \geqslant K\sum(F\delta)_{max}/(t_1-t_2)$。式中,$P$为混凝土拌合设备所需生产能力($m^3$/h);$K$为浇筑生产不均匀系数,取1.1~1.2;$\sum(F\delta)_{max}$为各浇筑块面积与浇筑层厚度的乘积的最大总值($m^3$);$t_1$为混凝土初凝时间(h);$t_2$为混凝土从拌合设备出机口至入仓时间(h)。根据计算结果判定施工方案中给出的拌合机是否符合需求。计算过程及影响拌合设备生产能力的主要因素详见答案。

本案例第3问主要考查钻孔灌注桩施工工序流程。钻孔灌注桩是利用钻孔机在桩位成孔,然后在桩孔内放入钢筋骨架再灌混凝土而成的就地灌注桩。其施工工序流程为:放样→护筒埋设→泥浆制作→钻孔→第一次清孔→钢筋笼制作→钢筋笼安装→导管安装→第二次清孔→混凝土浇筑→移机至下一根桩。钻孔灌注桩能在各种土质条件下施工,具有无振动、对土体无挤压等优点。

本案例第4问主要考查土料含水量的控制措施。若土料含水量偏大,则可采用的措施有:具备翻晒条件时,采用翻晒法降低含水量;优化排水系统;设置防雨设施;采用立面开采时,可用向阳面开采或掌子面轮换开采;机械烘干等方法。若土料含水量偏小,则可采用的措施有:在料场对黏性土料加水;在坝面对非黏性土料加水。料场加水的有效措施包括分块筑畦埂、灌水浸渍、轮换取土;地形高差较大的料场也可采用喷灌机喷洒。

案例(二)

1. 不属于专职安全生产管理人员的安全管理职责的有:(2)、(3)、(4)。

属于施工单位技术负责人安全管理职责的有:(2)、(3)。

2. (1)不妥之处:审查论证会专家组成员包括项目法人单位技术负责人、总监理工程师、设计项目负责人、专职安全生产管理人员。理由:各参建单位人员不得以专家身份参加审查论证会。

(2)专项施工方案应经施工单位技术负责人、总监理工程师、项目法人单位负责人审核签字后,方可组织实施。

3. 应设置安全警示标志的部位包括变压器、临时用电设施、基坑边沿、脚手架、施工通道口、施工起重机械。

4. (1)属于较大事故。

(2)主要责任单位是施工单位。

(3)应启动三级应急响应。

【解析】

本案例第1问主要考查施工单位专职安全生产管理人员和施工单位技术负责人安全管理职责。施工单位专职安全生产管理人员应履行下列安全管理职责:(1)组织或参与制定安全生产各项管理规章制度,操作规程和生产安全事故应急救援预案。(2)协助施工单位主要负责人签订安全生产目标责任书,并进行考核。(3)参与编制施工组织设计和专项施工方案,制定并监督落实重大危险源安全管理和重大事故隐患治理措施。(4)协助项目负责人开展安全教育培训、考核。(5)负责安全生产日常检查,建立安全生产管理台账。(6)制止和纠正违章指挥,强令冒险作业规程和劳动纪律的行为。(7)编制安全生产费用使用计划并监督落实。(8)参与或监督班前安全活动和安全技术交底。(9)参与事故应急救援演练。(10)参与安全设施设备、危险性较大的单项工程、重大事故隐患治理验收。(11)及时报告生产安全事故,配合调查处理。(12)负责安全生产管理资料收集、整理和归档等。施工单位技术负责人主要负责项目施工安全技术管理工作,其应履行下列安全管理职责:(1)组织施工组织设计、专项工程施工方案、重大事故隐患治理方案的编制和审查。(2)参与制定安全生产管理规章制度和安全生产目标管理计划。(3)组织工程安全技术交底。(4)组织事故隐患排查、治理。(5)组织项目施工安全重大危险源的识别、控制和管理。(6)参与或配合生产安全事故的调查等。

本案例第2问主要考查专项施工方案的专家论证要求。超过一定规模的危险性较大的单项工程专项施工方案应由施工单位组织召开审查论证会。审查论证会应有下列人员参加:(1)专家组成员。(2)项目法人单位负责人或技术负责人。(3)监理单位总监理工程师及相关人员。(4)施工单位分管安全的负责人、技术负责人、项目负责人、项目技术负责人、专项施工方案编制人员、项目专职安全生产管理人员。(5)勘察、设计单位项目技术负责人及相关人员等。专家组应由5名及以上符合相关专业要求的专家组成,各参建单位人员不得以专家身份参加审查论证会。施工单位应根据审查论证报告修改完善专项施工方案,经施工单位技术负责人、总监理工程师、项目法人单位负责人审核签字后,方可组织实施。

本案例第3问主要考查安全警示标志的设置。施工单位应当在施工现场入口处、施工起重机械、临时用电设施、脚手架、出入通道口、楼梯口、电梯井口、孔洞口、桥梁口、隧道口、基坑边沿、爆破物及有害危险气体和液体存放处等危险部位,设置明显的安全警示标志。安全警示标志必须符合国家标准。

本案例第4问主要考查生产安全事故等级和应急响应。根据《水利部生产安全事故应急预案》,生产安全事故分为特别重大事故、重大事故、较大事故和一般事故四个等级。本案例中,该事故造成3人死亡,1人重伤属于较大事故。水利部直属单位(工程)和地方水利工程生产安全事故应急响应均设定为三个等级,分别是一级、二级、三级。两者均为发生特别重大生产安全事故,启动一级响应;发生重大生产安全事故,启动二级响应;发生较大生产安全事故,启动三级响应。该事故主要是由于施工单位对监理单位的暂停施工指示未予理睬造成的,故施工单位属于事故主要责任单位。

案例(三)

1.(1)不合理。理由:评标委员会可以书面方式要求投标人对投标文件中含义不明确、对同类问题表述不一致或者有明显文字和计算错误的内容作必要的澄清、说明或补正。但是澄清或者说明不得超出投标文件的范围或者改变投标文件的实质性内容。工期属于实质性内容,不可以澄清修改。

(2)不妥之处:在收到异议后第4日,招标人按上述意见书面答复投标人乙。异议处理期间,招标人向中标人发放了中标通知书。理由:招标人应当自收到异议之日起3日内作出答复;作出答复前,应当暂停招标投标活动。

2.(1)A代表工时;B代表柴油。

(2)第一类费用 = 折旧费 + 修理费及替换设备费 + 安装拆卸费 = 89.06/1.13 + 54.68/1.09 + 3.56 = 132.54(元)。

3.监理人发出的文件名称:变更指示、变更意向书。

承包人发出的文件名称:变更实施方案、变更估价书。

4.不妥之处:发包人认定承包人行为为转包。

理由:劳务作业分包单位除计取劳务作业费用外,还计取主要建筑材料款和大中型机械设备费用的,应认定为违法分包,故承包人行为属于违法分包。

【解析】

本案例第1问主要考查施工评标和异议处理。评标委员会可以书面方式要求投标人对投标文件中含义不明确、对同类问题表述不一致或者有明显文字和计算错误的内容作必要的澄清、说明或补正。评标委员会不得向投标人提出带有暗示性或诱导性的问题,或向其明确投标文件中的遗漏和错误。但是澄清或者说明不得超出投标文件的范围或者改变投标文件的实质性内容。施工工期属于投标文件的实质性内容,将被视为投标文件的实质性内容不一致,可能导致投标无效。评标委员会完成评标后,应向招标人提出书面评标报告。评标报告由评标委员会全体成员签字。依法必须进行招标的项目,招标人应当自收到评标报告之日起3日内公示中标候选人,公示期不得少于3日。投标人或者其他利害关系人对依法必须进行招标的项目的评标结果有异议的,应当在中标候选人公示期间提出。招标人应当自收到异议之日起3日内作出答复;作出答复前,应当暂停招标投标活动。

本案例第2问主要考查施工机械使用费。施工机械使用费分为第一类费用和第二类费用。第一类费用包括折旧费、修理费及替换设备费、安装拆卸费。其中,修理费及替换设备费包含大修理费和经常性修理费。第二类费用包括人工、动力燃料或消耗材料。其中,人工是以工时为单位计量的,燃料是以实物消耗量计量的。《水利工程营业税改征增值税计价依据调整办法》规定,施工机械使用费按调整后的施工机械台时费定额和不含增值税进项税额的基础价格计算。《水利部办公厅关于调整水利工程计价依据增值税计算标准的通知》规定,工程部分的施工机械台时费定额的折旧费除以1.13调整系数,修理及替换设备费除以1.09调整系数。具体计算过程详见答案。

本案例第3问主要考查变更程序中的文件。在

合同履行过程中,可能发生变更的范围和内容约定情形的,监理人可向承包人发出变更意向书。变更意向书应说明变更的具体内容和发包人对变更的时间要求,并附必要的图纸和相关资料。变更意向书应要求承包人提交包括拟实施变更工作的计划、措施和竣工时间等内容的实施方案。发包人同意承包人根据变更意向书要求提交的变更实施方案的,由监理人按约定发出变更指示。除专用合同条款对期限另有约定外,承包人应在收到变更指示或变更意向书后的14天内,向监理人提交变更报价书,报价内容应根据约定的估价原则,详细开列变更工作的价格组成及其依据,并附必要的施工方法说明和有关图纸。

本案例第4问主要考查违法分包的认定。具有下列情形之一的,认定为违法分包:(1)承包人将工程分包给不具备相应资质或安全生产许可的单位或个人施工的。(2)施工合同中没有约定,又未经项目法人书面同意,承包人将其承包的部分工程分包给其他单位施工的。(3)承包人将主要建筑物的主体结构工程分包的。(4)工程分包单位将其承包的工程中非劳务作业部分再分包的。(5)劳务作业分包单位将其承包的劳务作业再分包的。(6)劳务作业分包单位除计取劳务作业费用外,还计取主要建筑材料款和大中型机械设备费用的。(7)承包人未与分包人签订分包合同,或分包合同未遵循承包合同的各项原则,不满足承包合同中相应要求的。(8)法律法规规定的其他违法分包行为。

案例(四)

1.5月混凝土浇筑工程量:(58 500/150) × 30 = 11 700(m^3);

6月、7月、8月、9月混凝土浇筑工程量:11 700 + [(32 000/120) × 30] = 19 700(m^3);

10、11月混凝土浇筑工程量:(800/60) × 30 = 400(m^3)。

2.(1)不妥之处:承包人自行进行了资料核查和外观检查后办理交货验收手续。改正:承包人应会同监理人共同检查后办理交货验收手续。

(2)钢筋标牌注明的内容还有:生产厂家、牌号、产品批号等。

3.(1)监理人应同意承包人的要求。理由:合同约定水闸闸门由发包人提供,因闸门制造验收未按时完成推迟交货,造成闸门推迟安装并产生窝工费属于发包人责任,承包人有权索赔工期和费用。

(2)闸门安装前,承包人还应做的工作包括:检查闸门和支承导引部件的几何尺寸,润滑支承导向部件。

4.A代表竣工图章;B代表编制单位;C代表编制人;D代表编制日期;E代表专业监理工程师。

【解析】

本案例第1问主要考查横道图的识图和计算。进度计划的表达方式主要有横道图和网络图两种,横道图表达直观易懂、容易掌握,便于检查和计算资源需求状况。根据题干,每个月的混凝土浇筑工程量 = (总工程量/总持续时间) × 当月天数。具体计算过程详见答案。

本案例第2问主要考查工程材料交货验收要求。对承包人提供的材料和工程设备,承包人应会同监理人进行检验和交货验收,查验材料合格证明和产品合格证书,并按合同约定和监理人指示,进行材料的抽样检验和工程设备的检验测试,检验和测试结果应提交监理人,所需费用由承包人承担。进场钢筋应具有出厂质量证明书或检验报告单,每捆(盘)钢筋均应挂上标牌,标牌上应注有生产厂家、生产日期、牌号、产品批号、规格、尺寸等项目,在运输和储存时不得损坏和遗失标牌。现场钢筋检验内容应包括资料核查、外观检查和力学性能试验等。

本案例第3问主要考查索赔和闸门安装要求。发包人提供的材料和工程设备的规格、数量或质量不符合合同要求,或由于发包人原因发生交货日期延误及交货地点变更等情况的,发包人应承担由此增加的费用和(或)工期延误,并向承包人支付合理利润。闸门及埋件安装前应具备下列资料:设计图样、施工图样和技术文件;闸门出厂合格证;闸门制造验收资料和出厂检验资料;闸门制造竣工图或能反映闸门出厂时实际结构尺寸的图样;发货清单、到货验收文件及装配编号图;安装用控制点位置图。安装前,应对闸门出现的损伤、泥土和锈迹进行处理,并检查闸门和支承导引部件的几何尺寸,润滑支承导向部件。

本案例第4问主要考查竣工图章。竣工图章式样如下图所示。

竣工图章		
编制单位		
编制人	技术负责人	编制日期
监理单位		
专业监理工程师		审核日期

准考证号＿＿＿＿＿＿ 姓名＿＿＿＿＿＿ 工作单位＿＿＿＿＿＿

★★★★密封线内不要答题★★★★

全国二级建造师执业资格考试

水利水电工程管理与实务

2024 年二级建造师考试真题(二)

题　号	一	二	三	总　分
分　数				

说明:1. 2024 年二建考试形式为 1 天考 3 科,一共有两套试卷。

2. 加灰色底纹标记的题目,其知识点已不作考查,可略过学习。

得　分	评卷人

一、单项选择题(共 20 题,每题 1 分。每题的备选项中,只有 1 个最符合题意)

1. 土石坝的中坝高度为(　　)m 之间。
A. 20 ~ 50　　B. 30 ~ 50
C. 40 ~ 60　　D. 30 ~ 70

2. 常用橡胶坝的类型是　　(　　)
A. 帆式　　B. 刚柔结合式
C. 格栅式　　D. 袋式

3. 关于渠系建筑构造和作用的说法,正确的是　　(　　)
A. 跌水与陡坡的作用基本相同
B. 镇墩附近的伸缩缝一般设在上游
C. 支墩的作用是连接和固定管道
D. 梯形渠道砌筑时,应先渠坡后渠底

4. 根据《水利水电工程合理使用年限及耐久性设计规范》,永久性水工建筑物的合理使用年限最低不少于(　　)年。
A. 20　　B. 30
C. 40　　D. 50

5. 水库的最高水位是　　(　　)
A. 校核洪水位　　B. 防洪高水位
C. 设计洪水位　　D. 防洪限制水位

6. 配筋混凝土最小水泥用量为(　　)kg/m^3。
A. 180　　B. 200
C. 220　　D. 260

7. 沿断裂面两侧的岩层未发生明显相对位移的断裂构造是　　(　　)
A. 褶皱　　B. 玫瑰
C. 断层　　D. 节理

8. 测量误差按其产生的原因和对观测结果影响性质的不同分为(　　)类。
A. 2　　B. 3
C. 4　　D. 5

9. 材料抗冻等级 F50 表示材料抵抗 50 次冻融循环后,其强度损失未超过　　(　　)
A. 5%　　B. 10%
C. 25%　　D. 20%

10. 砂的颗粒级配和粗细程度采用筛分析测定时,采用的干砂重量一般是(　　)g。
A. 200　　B. 300
C. 400　　D. 500

11. 有物理屈服点的钢筋,其质量检验指标主要有(　　)项。
A. 2　　B. 3
C. 4　　D. 5

12. 混凝土集料试验时,砂料应从料堆自上而下的不同方向均匀选取(　　)个点。
A. 4　　B. 6
C. 8　　D. 10

13. 根据《大中型水电工程建设风险管理规范》,水利水电工程建设风险分为(　　)类。
A. 5　　B. 6
C. 7　　D. 8

14. 单位时间内单位面积上土壤流失的数量称为　　(　　)
A. 流失系数　　B. 流水规模
C. 侵蚀模数　　D. 侵蚀当量

15. 砂土按密实程度分为(　　)种。
A. 2　　B. 3
C. 4　　D. 5

16. 混凝土坝横缝按缝面形式主要分为(　　)种。
A. 2　　B. 3
C. 4　　D. 5

17. 根据《堤防工程养护修理规程》,工程养护分为(　　)类。
A. 2　　B. 3
C. 4　　D. 5

18. 河湖整治工程专业承包企业资质分为(　　)级。
A. 2　　B. 3
C. 4　　D. 5

19. 水利工程建设项目管理三项制度是指　　(　　)
A. 项目法人责任制、招标投标制、建设监理制
B. 项目法人责任制、合同管理制、竣工验收制
C. 项目法人责任制、安全生产责任制、政府风险制
D. 政府监管制、项目法人负责制、企业保证制

20. 绿色工程施工中,根据环境功能特点和噪声控制质量要求,声环境功能区分为(　　)类。
A. 3　　B. 4
C. 5　　D. 6

得　分	评卷人

二、多项选择题(共 10 题,每题 2 分。每题的备选项中,有 2 个或 2 个以上符合题意,至少有 1 个错项。错选,本题不得分;少选,所选的每个选项得 0.5 分)

21. 关于挡土墙土压力的说法,正确的有　(　　)
A. 挡土墙向前侧移动时,承受主动土压力
B. 挡土墙向后侧移动时,承受被动土压力
C. 挡土墙不移动时,承受静止土压力
D. 挡土墙沉陷时,不承受土压力
E. 水流冲击挡土墙时,承受主动土压力

22. 坝区岩体地质缺陷可能导致的工程地质问题主要有　(　　)
A. 渗透稳定　B. 沉降稳定
C. 抗滑稳定　D. 抗震稳定
E. 坝基渗漏

23. 判断水准测量成果是否符合精度要求,可以采用　(　　)
A. 改变仪器高程法　B. 更换测量仪器
C. 复测一次　D. 双面尺法
E. 闭合水准路线

24. 关于混凝土外加剂的应用的说法,正确的有　(　　)
A. 外加剂按主要功能分为 4 类
B. 一般情况下加入减水剂不会降低混凝土的强度
C. 一般情况下加入引气剂不会降低混凝土的强度
D. 制糖下脚料可以制作缓凝剂
E. 氯盐类防冻剂适用于预应力钢筋混凝土

25. 土工格室用于　(　　)
A. 处理软弱地基　B. 固沙
C. 填充混凝土　D. 反滤
E. 护坡

26. 关于钢筋制作与安装的说法,正确的有　(　　)
A. 表示无弯钩的钢筋端部
B. 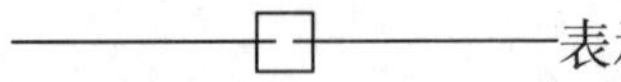表示花篮螺丝钢筋接头
C. 钢筋图中,YM 表示远面钢筋
D. 采用电渣压力焊的接头应采用机械切断机切割
E. 钢筋绑扎连接时,绑扎不少于 4 道

27. 关于混凝土工程分缝与止水施工的说法,正确的有　(　　)
A. 沉降缝可以取代温度缝的作用
B. 沉降缝填充材料安装分为先装法、后装法和平行装法
C. 铜片止水片接头要进行焊接
D. 水平止水片应在混凝土浇筑层的中间部位
E. 嵌固止水片的模板应适当推迟拆模时间

28. 基坑排水系统投入运行一定时间后,地下水位线不再随运行时间的增加而下降,主要原因有　(　　)
A. 设计考虑不周　B. 运行失效
C. 检修不及时　D. 降雨量大
E. 地表水补给

29. 标准用词“宜”,在特殊情况下的等效表述用词有　(　　)
A. 允许　B. 许可
C. 准许　D. 推荐
E. 建议

30. 绿色施工中,废水控制包括　(　　)
A. 工程废水控制　B. 生活污水控制
C. 地表降水防护　D. 地下水控制
E. 酸雨控制

得　分	评卷人

三、实务操作和案例分析题(共 4 题,每题 20 分)

【案例一】

背　景

某中型水库枢纽工程由混凝土重力坝、溢洪道和输水隧道等建筑物组成,工程施工实施过程中发生如下事件:

事件 1:本工程施工首级平面控制网和高程控制网均采用三等施工控制网,溢洪道堰顶及坝顶等部位高程精度放样中误差要求不大于 10 mm。

事件 2:坝肩、坝基开挖采用爆破作业,根据工程的不同部位和要求,分别采用不同的爆破技术,并在建基面预留 0.8 m 厚的保护层。其中有两种爆破钻孔:

①钻孔孔深 8 m,钻孔孔径 91 mm。

②钻孔孔深 4 m,钻孔孔径 56 mm。

事件 3:某关键部位单元工程混凝土采用台阶法浇筑,台阶宽度 2.5 m,浇筑坯层厚度 0.5 m,其剖面示意图如图 1 所示。该单元工程经施工单位自评合格,监理单位抽检后,由项目法人等单位组成的联合小组共同核定。

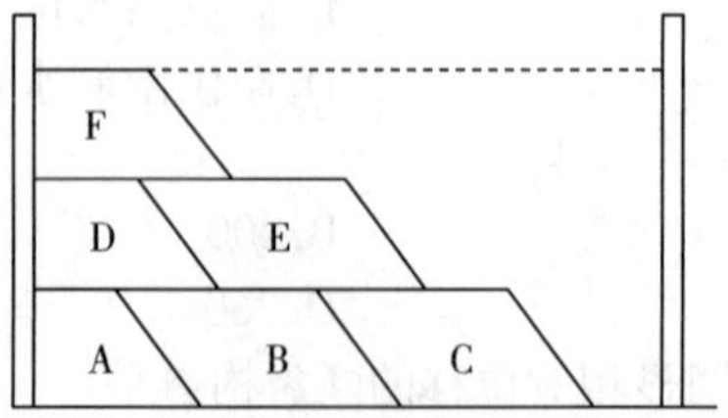

图 1　剖面示意图

问题:

1. 事件 1 中,首级施工中控制网采用三等施工控制网是否合理?除三等施工控制网外,施工控制网还划分为哪几等?溢洪道堰顶及坝顶等部位高程放样应采用哪种测量方法?

2. 事件2中，根据孔径、孔深判断爆破属于深孔爆破还是浅孔爆破。石方开挖还有哪些爆破方法？爆破离建基面预留0.8 m，写出应采用的开挖方法。

3. 写出混凝土入仓铺料台阶法中分层分块填筑先后顺序。

4. 质量评定中关键部位单元工程联合小组组成有哪些？

【案例二】

背景

某中型节制闸除险加固工程，主要加固内容为闸室段。消力池拆除重建施工期间，在节制闸上下游填筑土石围堰。某施工单位承担了该项目施工任务，施工过程中发生如下事件：

事件1：施工单位组织编制了围堰工程专项施工方案，该施工单位技术负责人审核签字后组织实施。

事件2：施工单位按管涌险情的抢护原则制定的管涌应急现场处置方案中，砂石反滤层压盖法的铺填用料包括石块或砖块、中石子、石块压盖、小石子、粗砂层，砂石反滤层压盖如图2所示。

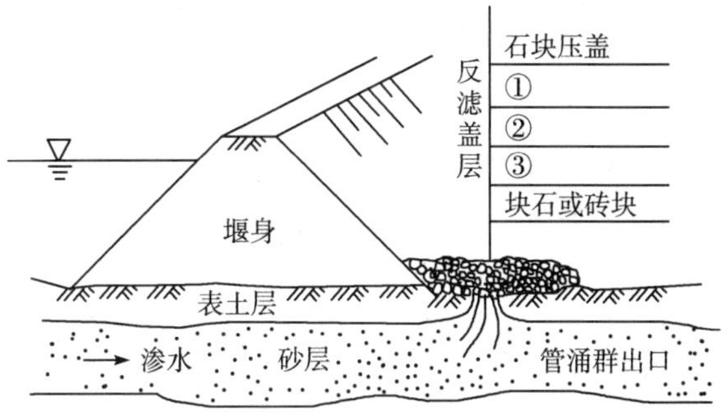

图2 砂石反滤层压盖示意图

施工期间，上游围堰背水面坡脚突然出现大面积多管道涌群。因情况危急，施工单位采取就近挖取黏土替代反滤料对管涌出口进行压盖，最终处置失败，围堰决口，导致浇筑的消力池底板毁损，无人员伤亡。

事件3：事故发生后，施工单位组织有关单位制定事故处理方案，该项目负责人批准后实施。根据事故处理方案，施工单位对质量受影响的混凝土进行拆除后重新浇筑，深度60 m，造成经济损失31万元。有关部门依据水利工程质量事故，考虑直接经济损失因素，判定该事故为较大事故。

问题：

1. 事件1中施工单位的做法是否合理，说明理由。

2. 事件2中管涌险情的抢护原则是什么？并说明图2中①、②、③所对应的材料名称。

3. 事件2中施工单位对管涌群采取的处理措施是否妥当，说明理由。反滤料选用时，切忌什么材料？

4. 指出并改正事件3中事故处理方案制定的组织和报批程序的不妥之处。

5. 事件3中判定该质量事故类别除直接经济损失外，还要考虑哪些因素？

【案例三】

背景

本题背景暂缺，其考查题型为主观题。

问题：

1. 异议主体除了投标人提出外，还有哪些单位可以提出？

2. 投标文件接受凭证的内容除了有招标人、投标人外还有哪些？

3. 投标文件截止日期后，投标人要求撤销其投标文件，是否合理，为什么？

4. 根据《水利工程施工转包违法分包等违法行为认定查处管理暂行办法》，结合具体情形，填写属于哪种分包违法行为？

5. 进度付款申请单内容中除了截至本次付款周期末已实施工程的价款和索赔金额，还包括哪些？

【案例四】

背景

某防洪区项目新建堤防长 10.5 km,工程量 50.62 万平方米,施工进度计划如图 3 所示。

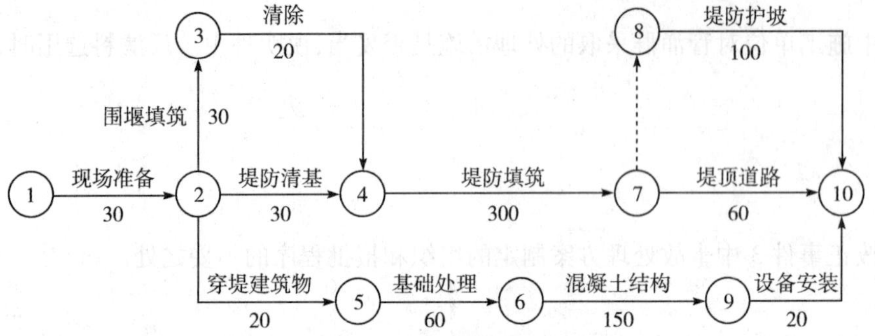

图 3　施工进度计划

事件 1:因拆迁补偿工作影响堤防清基工作推迟 30 天开始。

事件 2:因施工机械设备故障,导致延长 30 天,费用增加 3.5 万元。

事件 3:堤顶道路施工工序:①路肩培土;②路床压实;③级配碎石路基;④水泥稳定碎石路基;⑤路面混凝土压实。

事件 4:监理工程师要求穿堤建筑物与堤防结合部位土方填筑应采取相应技术措施,防止结合部位产生渗透破坏。因发包人供应的混凝土质量问题,导致工程增加返工费用 2 万元。

问题:

1. 指出图 3 的关键线路及计算工期,针对料场土料含水率偏高的情况,可以采取哪些措施?指出压实后黏性土料干密度的测量方法。

2. 事件 3 中,指出堤顶道路施工合理的施工程序,按序号填写。

3. 事件 4 中,土方填筑时应采取什么技术措施?

4. 分别指出事件 1,2,4 的责任方及承包人应获得的工期及费用补偿。

参考答案及解析

一、单项选择题

1. D 【解析】碾压式土石坝按坝高可分为低坝、中坝和高坝,高度在 30 m 以下(不含 30 m)为低坝;高度在 30 ~ 70 m 为中坝;高度在 70 m 以上(不含 70 m)为高坝。

2. D 【解析】橡胶坝按照坝型可分为枧式橡胶坝、袋式橡胶坝和钢柔结合式橡胶坝。其中,袋式橡胶坝较为常用。

3. A 【解析】镇墩附近的伸缩缝一般设在下游。故选项 B 错误。镇墩的作用是连接和固定管道。故选项 C 错误。梯形渠道砌筑时,应先砌渠底后砌渠坡;矩形渠道砌筑时,应先砌两边侧墙,后砌渠底。故选项 D 错误。

4. A 【解析】水利水电工程各类永久性水工建筑物的合理使用年限,应根据其所在工程的建筑物类别和级别按下表的规定确定,且不应超过工程的合理使用年限。当永久性水工建筑物级别提高或降低时,其合理使用年限应不变。

水利水电工程各类永久性水工建筑物的合理使用年限

建筑物类别	建筑物级别				
	1	2	3	4	5
水库壅水建筑物	150	100	50	50	50
水库泄洪建筑物	150	100	50	50	50
调(输)水建筑物	100	100	50	30	30
发电建筑物	100	100	50	30	30
防洪(潮)、供水水闸	100	100	50	30	30
供水泵站	100	100	50	30	30
堤防	100	50	50	30	20
灌排建筑物	50	50	50	30	30
灌溉渠道	50	50	50	30	20

5. A 【解析】校核洪水位是指水库遇到校核洪水时,在坝前达到的最高水位。它是水库在非常运用情况下允许临时达到的最高洪水位,是确定大坝坝顶高程及进行大坝安全校核的主要依据。防洪高水位是指遇下游防洪保护对象的设计洪水时,在坝前达到的最高水位。设计洪水位是指水库遇到设计洪水时,在坝前达到的最高水位。防洪限制水位(又称汛期限制水位)是指水库在汛期允许兴利蓄水的上限水位,也是水库在汛期防洪运用时的起调水位。

6. C 【解析】对于合理使用年限为 50 年的水工结构,配筋混凝土耐久性的基本要求宜符合下表的要求。

配筋混凝土耐久性基本要求

环境类别	混凝土最低强度等级	最小水泥用量/(kg·m^{-3})	最大水胶比	最大氯离子含量/%	最大碱含量/(kg·m^{-3})
一	C20	220	0.60	1.0	不限制
二	C25	260	0.55	0.3	3.0
三	C25	300	0.50	0.2	3.0
四	C30	340	0.45	0.1	2.5
五	C35	360	0.40	0.06	2.5

7. D 【解析】节理也称为裂隙,是存在于岩体中的裂缝,是岩体受力断裂后两侧岩块没有明显相对位移的小型断裂构造。根据成因,裂隙一般分为构造裂隙和非构造裂隙两类。

8. B 【解析】在测量时,测量结果与实际值之间的差值叫误差。测量误差按其产生的原因和对观测结果影响性质的不同分为 3 类,分别是系统误差、随机误差(偶然误差或不定误差)、粗大误差。

9. C 【解析】材料抗冻等级 F50 表示材料抵抗 50 次冻融循环后,其强度损失未超过 25%,质量损失未超过 5%。

10. D 【解析】砂的颗粒级配和粗细程度采用筛分析测定时,采用的干砂重量一般是 500 g。砂的颗粒级配用级配区表示;砂的粗细程度用细度模数表示。

11. C 【解析】有物理屈服点的钢筋,其质量检验的指标包括屈服强度、极限强度、伸长率和冷弯性能。无物理屈服点的钢筋,其质量检验的指标包括极限强度、伸长率和冷弯性能。

12. C 【解析】混凝土集料应分批进行抽样,同类型、同类别、同规格以及日产量每 600 t 为一批,日产量超过 2 000 t 的按每 1 000 t 为一批。混凝土集料试验时,应从料堆自上而下的不同方向均匀选取测点,砂料选取 8 个点,石料选取 15 个点。

13. A 【解析】水电工程建设风险可依据风险事故损失性质分为 5 类,分别是:人员伤亡风险;经济损失风险;工期延误风险;环境影响风险;社会影响风险。

14. C 【解析】侵蚀模数是衡量土壤侵蚀程度（水土流失程度）的一个量化指标，指在自然营力（如水力、风力、重力及冻融等）和人为活动等的综合作用下，单位时间内单位面积上土壤流失的数量。

15. C 【解析】砂土按密实程度分为4种，分别是密实砂土、中密砂土、稍密砂土和松散砂土。一般情况下，砂土可分为砾砂、粗砂、中砂、细砂和粉砂。

16. B 【解析】横缝是指为了避免地基发生不均匀沉降时坝体产生裂缝而设置的缝。横缝按缝面形式主要分为缝面不设键槽、缝内不灌浆；缝面设键槽和灌浆系统；缝面设键槽、缝内不灌浆3种类型。

17. B 【解析】工程养护是指在工程建设完成后，采取维护、保养、修复等一系列措施，以保持工程的稳定运行状态、延长使用寿命、提高经济效益的过程。工程养护可分为经常性养护、定期养护和专门性养护3类。

18. B 【解析】河湖整治工程专业承包资质分为一级、二级、三级。一级可承担各类河道、水库、湖泊以及沿海相应工程的河势控导、险工处理、疏浚与吹填、清淤、填塘固基工程的施工。二级可承担堤防工程级别2级以下堤防相应的河道、湖泊的河势控导、险工处理、疏浚与吹填、填塘固基工程的施工。三级可承担堤防工程级别3级以下堤防相应的河湖疏浚整治工程及吹填工程的施工。

19. A 【解析】根据《水利工程建设项目管理规定（试行）》，水利工程建设项目管理实行统一管理、分级管理和目标管理。逐步建立水利部、流域机构和地方水行政主管部门以及建设项目法人分级、分层次管理的管理体系。水利工程建设要推行项目法人责任制、招标投标制和建设监理制。

20. C 【解析】根据环境功能特点和噪声控制质量要求，声环境功能区分为5类：(1)0类声环境功能区，指有康复疗养院、敬老院等特别需要保持安静的区域。(2)1类声环境功能区，指以居民集中居住区（村庄）、医院、学校等为主要功能，需要保持安静的区域。(3)2类声环境功能区，指以商业贸易、集镇、养殖场为主要功能，或以居住、商业、工业混杂，需要维护住宅安静的区域。(4)3类声环境功能区，指有部分（分散）居民居住或工业生产企业的区域。(5)4类声环境功能区，仅有零星住户的区域。

二、多项选择题

21. ABC 【解析】土压力是指土体作用在挡土墙上的力。主动土压力发生在土体促使挡土墙向前侧移动的情况下，而被动土压力发生在土体因某种外力作用而向后移动，从而对挡土墙产生推挤作用时。此外，静止土压力是在挡土墙不移动时，墙后土体施加于墙背上的土压力。故选项A、B、C正确。

22. ABCE 【解析】坝区岩体地质缺陷可能导致的工程地质问题主要有2类，分别是坝基稳定问题和坝区渗漏问题。坝基稳定问题包括抗滑稳定、沉降稳定和渗透稳定；坝区渗漏问题包括绕坝渗漏和坝基渗漏。

23. AD 【解析】水准测量的原理是利用水准仪提供的水平视线，读取竖立于两个点上的水准尺上的读数，来测定两点间的高差，再根据已知点高程计算待定点高程。判断水准测量成果是否符合精度要求，可以采用改变仪器高程法和双面尺法进行校核。

24. ABD 【解析】一般情况下加入引气剂会略微降低混凝土的强度。故选项C错误。氯盐类防冻剂适用于无筋混凝土，无氯盐类防冻剂适用于预应力钢筋混凝土工程和钢筋混凝土工程。故选项E错误。

25. ABE 【解析】土工格室是指由土工格栅、土工织物或具有一定厚度的土工膜形成的条带通过结合相互连接后构成的蜂窝状或网格状三维结构材料。土工格室可应用于处理软弱地基、沙漠固沙和护坡工程。

26. AC 【解析】选项B中的图表示机械连接的钢筋接头。故选项B错误。采用电渣压力焊的接头，应采用砂轮锯或气焊切割。故选项D错误。钢筋绑扎连接时，钢筋搭接处，应在中心和两端用绑丝扎牢，绑扎不少于3道。故选项E错误。

27. ACDE 【解析】沉降缝填充材料安装分为先装法、后装法。常用的填充材料包括泡沫板、沥青油毛毡、沥青杉木板等。故选项B错误。

28. ABC 【解析】基坑排水系统投入运行一定时间后，地下水位线不再随运行时间的增加而下降，主要原因包括设计考虑不周、运行失效或检修不及时。

29. DE 【解析】标准用词“宜”是表示在几种可能性中，推荐特别合适的一种，不排除其他可能性。在特殊情况下的等效表述用词有推荐、建议。

30. ABC 【解析】废水控制包括工程废水控制、生活污水控制和地表降水防护等。施工组织设计应包含工程废水、生活污水控制措施和地表降水防护等内容。

三、实务操作和案例分析题

案例（一）

1. (1)首级施工中控制网采用三等施工控制网不合理。

(2)除三等施工控制网外，施工控制网还划分为二等、四等、五等。

(3)溢洪道堰顶及坝顶等部位高程放样应采用水准测量法。

2. (1)①属于深孔爆破；②属于浅孔爆破。

(2)石方开挖爆破方法还有洞室爆破、预裂爆破、光面爆破。

(3)爆破离建基面预留0.8 m时，开挖应采用手风钻钻孔，放置小药量实施爆破，避免基岩产生裂隙或使裂隙增大。

3. 台阶法中分层分块填筑先后顺序为A→B→D→C→E→F。

4. 关键部位单元工程联合小组组成有项目法人（或委托监理）、监理、设计、施工、工程运行管理（施工阶段已经有时）等单位。

【解析】

本案例第1问主要考查施工放样。平面控制网宜布设为全球定位系统（GPS）网、三角形网或导线网。GPS网、三角形网和导线网应按二等、三等、四等、五等划分。各种等级、各种类型的平面控制网，均可选为首级网。高程控制网是施工测量的高程基准，其等级划分为二等、三等、四等、五等。首级高程控制网的等级应根据工程规模、范围和放样精度来确定。对于高程放样中误差应不大于±10 mm的部位，应采用水准测量法。

本案例第2问主要考查石方开挖。石方开挖爆破方法主要包括深孔爆破、浅孔爆破、洞室爆破、预裂爆破、光面爆破。其中，浅孔爆破是指钻孔深度小于5 m，钻孔孔径小于75 mm的钻孔爆破。深孔爆破是指钻孔深度大于5 m，钻孔孔径大于75 mm的钻孔爆破。为避免造成裂缝或使裂缝增大，在爆破离建基面0.5～1.0 m时，需采用手风钻钻孔，放置小药量实施爆破。

本案例第3问主要考查台阶法浇筑混凝土。混凝土浇筑可采用平铺法或台阶法。当浇筑仓面积较大，资源设备配置又不能满足平铺法施工要求时，可采用台阶法。台阶法入仓铺料时，由仓位短边向另一边铺料，边铺筑边加高，逐层推进，形成明显台阶，直至收仓。浇筑前应注意老混凝土面的清洁、润湿，接缝砂浆随混凝土边铺筑边摊铺。台阶法的优点是不受仓面大小限制、铺料间隔时间易于控制；其缺点是铺料接头过多易漏振，不利于平仓振捣设备操作，仓内级配、标号较多时铺料变换频繁，施工组织复杂。

本案例第4问主要考查质量评定工作的组织。单元（工序）工程质量在施工单位自评合格后，应报监理单位复核，由监理工程师核定质量等级并签证认可。重要隐蔽单元工程及关键部位单元工程质量经施工单位自评合格、监理单位抽检后，由项目法人（或委托监理）、监理、设计、施工、工程运行管理（施工阶段已经有时）等单位组成联合小组，共同检查核定其质量等级并填写签证表，报工程质量监督机构核备。分部工程质量，在施工单位自评合格后，由监理单位复核，项目法人认定。分部工程验收的质量结论由项目法人报工程质量监督机构核备。大型枢纽工程主要建筑物的分部工程验收的质量结论由项目法人报工程质量监督机构核定。单位工程质量，在施工单位自评合格后，由监理单位复核，项目法人认定。单位工程验收的质量结论由项目法人报工程质量监督机构核定。

案例（二）

1. 施工单位的做法不合理。理由：专项施工方案应由施工单位技术负责人组织施工技术、安全、质量等部门的专业技术人员进行审核。经审核合格的，应由施工单位技术负责人签字确认。经施工单位审核合格后应报监理单位，由项目总监理工程师审核签字，并报项目法人备案，方可实施。

2. (1)管涌险情的抢护原则是制止涌水带砂，但留有渗水出路。

(2)①表示大石子；②表示小石子；③表示粗砂层。

3. (1)施工单位对管涌群采取的处理措施不妥当。理由：反滤层压盖应选用透水性好的砂石、土工织物、梢料（草席）等材料。

(2)反滤料选用时，切忌使用不透水材料。

4. 不妥之处一：施工单位组织有关单位制定事故处理方案。

改正：较大质量事故由项目法人负责组织有关单位制定处理方案。

不妥之处二：事故处理方案由该项目负责人批准后实施。

改正：事故处理方案经上级主管部门审定后实施，报省级水行政主管部门或流域机构备案。

5. 除直接经济损失外，还要考虑检查、处理事故对工期的影响时间长短和对工程正常使用的影响。

【解析】

本案例第1问主要考查专项施工方案的编制和审核要求。施工单位应在施工前，对达到一定规模的危险性较大的单项工程编制专项施工方案；对于超过一定规模的危险性较大的单项工程，施工单位应组织专家对专项施工方案进行审查论证。专项施工方案应由施工单位技术负责人组织施工技术、安全、质量等部门的专业技术人员进行审核。经审核合格的，应由施工单位技术负责人签字确认。实行分包的，应由总承包单位和分包单位技术负责人共同签字确认。无需专家论证的专项施工方案，经施工单位审核合格后应报监理单位，由项目总监理工程师审核签字，并报项目法人备案。

本案例第2问主要考查管涌抢护。发生管涌险情时，应遵循制止涌水带砂，但留有渗水出路的抢护原则。管涌险情有以下几种抢护技术措施：(1)反滤围井法。当管涌险情发生的数目较少或比较集中时，宜采用在管涌周边抢筑围井。围井宜采用编制土袋、黏性土堆筑，单个管涌也可采用无底的水桶或汽油桶。(2)反滤层压盖法。反滤层压盖法适用于大面积管涌群的抢护，用透水性较好的砂石料、土工织物、梢料(草席)等大面积覆盖在管涌群出口处，切忌使用不透水性材料。其目的是为了减缓渗流流速，防止细砂等小颗粒被水流带走。砂石料铺填应具备一定厚度，土工织物和草席等需多层铺盖，周边采用土袋压实。反滤层压盖法的材料从上至下依次为：块石或片石→大石子→小石子→粗砂→块石或砖块。

本案例第3问主要考查反滤层压盖法。详见第2问解析。

本案例第4问主要考查质量事故处理。发生质量事故，必须针对事故原因提出工程处理方案，经有关单位审定后实施。一般事故，由项目法人负责组织有关单位制定处理方案并实施，报上级主管部门备案。较大质量事故，由项目法人负责组织有关单位制定处理方案，经上级主管部门审定后实施，报省级水行政主管部门或流域机构备案。重大质量事故，由项目法人负责组织有关单位提出处理方案，征得事故调查组意见后，报省级水行政主管部门或流域机构审定后实施。特大质量事故，由项目法人负责组织有关单位提出处理方案，征得事故调查组意见后，报省级水行政主管部门或流域机构审定后实施，并报水利部备案。事故处理需要进行设计变更的，需原设计单位或有资质的单位提出设计变更方案。需要进行重大设计变更的，必须经原设计审批部门审定后实施。事故部位处理完成后，必须按照管理权限经过质量评定与验收后，方可投入使用或进入下一阶段施工。

本案例第5问主要考查质量事故等级认定的依据。水利工程质量事故按直接经济损失大小，检查、处理事故对工期的影响时间长短和对工程正常使用的影响分为一般质量事故、较大质量事故、重大质量事故、特大质量事故四类。

案例(三)

【解析】

本案例第1问主要考查招标文件异议相关内容。潜在投标人或者其他利害关系人对资格预审文件有异议的，应当在提交资格预审申请文件截止时间2日前提出；对招标文件有异议的，应当在投标截止时间10日前提出。招标人应当自收到异议之日起3日内作出答复；作出答复前，应当暂停招标投标活动。在招标投标活动中，潜在投标人、投标的项目负责人、特定分包人和供应商均有权提出异议。【此知识点已删去】

本案例第2问主要考查递交投标文件的要求。投标文件正本1份，副本4份。正本和副本的封面上应清楚地标记"正本"或"副本"的字样。当副本和正本不一致时，以正本为准。投标文件的正本与副本应采用A4纸印刷(图表页可例外)，分别装订成册，编制目录和页码，并不得采用活页装订。未通过资格预审的申请人提交的投标文件，以及逾期送达或者不按照招标文件要求密封的投标文件，招标人应当拒收。递交投标文件时，招标人应向投标人提供投标文件接受凭证，接受凭证的内容包括：招标人；投标人；接受文件的时间、地点；投标文件的密封包数量及密封标识情况。

本案例第3问主要考查投标文件撤回的要求。投标人撤回已提交的投标文件，应当在投标截止时间前书面通知招标人。招标人已收取投标保证金的，应当自收到投标人书面撤回通知之日起5日内退还。投标截止后投标人撤销投标文件的，招标人可以不退还投标保证金。

本案例第4问主要考查分包的违法情形。具有下列情形之一的，认定为违法分包：(1)承包人将工程分包给不具备相应资质或安全生产许可的单位或个人施工的。(2)施工合同中没有约定，又未经项目法人书面同意，承包人将其承包的部分工程分包给其他单位施工的。(3)承包人将主要建筑物的主体结构工程分包的。(4)工程分包单位将其承包的工程中非劳务作业部分再分包的。(5)劳务作业分包单位将其承包的劳务作业再分包的。(6)劳务作业分包单位除计取劳务作业费用外，还计取主要建筑材料款和大中型机械设备费用的。(7)承包人未与分包人签订分包合同，或分包合同未遵循承包合同的各项原则，不满足承包合同中相应要求的。(8)法律法规规定的其他违法分包行为。具有下列情形之一的，认定为转包：(1)承包人将其承包的全部工程转给其他单位或个人施工的。(2)承包人将其承包的全部工程肢解以后以分包的名义转给其他单位或个人施工的。(3)承包人将其承包的全部工程以内部承包合同等形式交由分公司施工，但分公司成立未履行合法手续的。(4)采取联营合作等形式的承包人，其中一方将应由其实施的全部工程交由联营合作方施工的。

(5)全部工程由劳务作业分包单位实施，劳务作业分包单位计取报酬是除上缴给承包人管理费之外全部工程价款的。(6)承包人未设立现场管理机构的。(7)承包人未派驻项目负责人、技术负责人、财务负责人、质量管理负责人、安全管理负责人等主要管理人员或者派驻的上述人员中全部不是本单位人员的。(8)承包人不履行管理义务，只向实际施工单位收取管理费的。(9)法律法规规定的其他转包行为。

本案例第5问主要考查进度付款申请单的内容。承包人应在每个付款周期末，按监理人批准的格式和专用合同条款约定的份数，向监理人提交进度付款申请单，并附相应的支持性证明文件。进度付款申请单的内容有：截至本次付款周期末已实施工程的价款；应增加和扣减的变更、索赔金额；应支付的预付款和扣减的返还预付款、质量保证金等。

案例(四)

1. (1)关键线路：①→②→③→④→⑦→⑧→⑩。

计算工期：30+30+20+300+100=480(天)。

(2)料场土料含水率偏高，可以采取的措施：具备翻晒条件时，采用翻晒法降低含水量；优化排水系统；设置防雨设施；采用立面开采时，可用向阳面开采或掌子面轮换开采等方法。

(3)压实后黏性土料干密度可采用体积为200～500 cm^3 的环刀测定。

2. 堤顶道路的施工程序：②→③→④→⑤→①。

3. 填土前，先将结合面清理干净，并洒水湿润，涂刷一层厚度为3～5 mm的水泥砂浆(也可采用水泥黏性浆、浓黏性浆)，涂刷、铺土和碾压应同时进行，铺土厚度和涂刷高度保持一致，并应衔接下部涂层。泥浆干涸后不得铺土和压实。泥浆土与水质量比宜通过试验确定，可采用1:3.0～1:2.5。填土含水率应比最优含水率大1%～3%。在混凝土结构物两侧和顶部0.5 m范围内填土时，可采用人工夯实或小型机械夯实。在混凝土结构物两侧填料时，应均衡填料并压实，避免侧压力过大造成风险。

4. 事件1：责任方是发包人；承包人应获得工期补偿10天。

事件2：责任方是承包人；承包人不能获得工期及费用补偿。

事件4：责任方是发包人；承包人应获得费用补偿2万元。

【解析】

本案例第1问主要考查关键线路和计算工期的计算，以及料场和坝面的质量控制。根据《工程网络计划技术规程》，双代号网络计划中，关键线路是指由关键工作组成的线路或总持续时间最长的线路。本案例中，总持续时间最长的线路为①→②→③→④→⑦→⑧→⑩，总持续时间为480天。对料场最重要的质量控制指标是含水量。若土料含水量偏大，则可采用的措施有：具备翻晒条件时，采用翻晒法降低含水量；优化排水系统；设置防雨设施；采用立面开采时，可用向阳面开采或掌子面轮换开采等方法。若土料含水量偏小，则可采用的措施有：在料场对黏性土料加水；在坝面对非黏性土料加水。压实后应检查坝面的干密度、含水量、铺土厚度、土块大小等。其中，黏性土的干密度可采用体积为200～500 cm^3 的环刀测定，砂的干密度可采用500 cm^3 的环刀测定。

本案例第2问主要考查堤顶道路的施工程序。具体施工程序详见答案。

本案例第3问主要考查穿堤建筑物与堤防结合部位土方填筑要求。具体要求详见答案。

本案例第4问主要考查施工索赔。索赔是否成立，首先要分析双方是否有合同关系，其次分析造成损失的责任是哪一方，最后分析索赔项目是否合理。事件1因拆迁导致工期延误10天，属于发包人的责任，承包人可获得10天的工期补偿；事件2施工机械设备故障属于承包人的责任，承包人不能获得补偿；事件4因发包人供应的材料有问题，导致工程返工属于发包人的责任，承包人可获得2万元的费用补偿。

准考证号＿＿＿＿ 姓名＿＿＿＿ 工作单位＿＿＿＿

★★★★ 密 封 线 内 不 要 答 题 ★★★★

全国二级建造师执业资格考试

水利水电工程管理与实务

2023 年二级建造师考试真题

题　号	一	二	三	总　分
分　数				

说明：1. 2023 年二建考试分两种形式进行，即 2 天考 3 科和 1 天考 3 科。本套主要为 1 天考 3 科的试题。

2. 加灰色底纹标记的题目，其知识点已不作考查，可略过学习。

得　分	评卷人

一、单项选择题（共 20 题，每题 1 分。每题的备选项中，只有 1 个最符合题意）

1. 模板拉杆的最小安全系数应为（　　）
A. 1.0　B. 1.5
C. 2.0　D. 2.5

2. 型号为"Q L－□×□－□"的启闭机，其结构形式属于（　　）
A. 移动式　B. 卷扬式
C. 螺杆式　D. 液压式

3. 项目后评价中，过程评价不包括（　　）评价。
A. 前期工作　B. 建设实施
C. 运行管理　D. 综合评价

4. 水闸首次安全鉴定应在竣工验收后（　　）年内进行。
A. 1　B. 3
C. 5　D. 7

5. 根据《水利建设项目稽察常见问题清单（2021 年版）》，可能对主体工程施工进度或投资规模等产生较大影响的问题，其性质应认定为（　　）
A. 特别严重　B. 严重
C. 较重　D. 一般

6. 下列工作方法中，属于竣工审计方法中其他方法是（　　）
A. 抽查法　B. 核对法
C. 盘点法　D. 调查法

7. 根据《水利部关于水利安全生产标准化达标动态管理的实施意见》，达标单位在证书有效期内累计记分达到（　　）分，证书期满后不予延期。
A. 5　B. 10
C. 15　D. 20

8. 根据《水工建筑物地下工程开挖施工技术规范》，单向开挖隧洞，安全地点到爆破工作面的距离应不少于（　　）m。
A. 30　B. 50
C. 100　D. 200

9. 根据《关于印发〈注册建造师执业工程规模标准〉（试行）的通知》，小（2）型水库在执业工程规模标准中属于（　　）
A. 大型　B. 中型
C. 小（1）型　D. 小（2）型

10. 根据《水利工程责任单位责任人质量终身责任追究管理办法（试行）》，项目法人对水利工程质量承担全面责任的责任人是（　　）
A. 法定代表人　B. 项目负责人
C. 质量管理部门责任人　D. 专职质量管理人员

11. 根据《构建水利安全生产风险管控"六项机制"的实施意见》，下列选项中，不属于"六项机制"的是（　　）
A. 风险转移　B. 风险预警
C. 风险查找　D. 风险防范

12. 根据国务院有关决定，生产建设项目水土保持设施验收属于（　　）
A. 行政许可　B. 第三方评估
C. 环境保护验收的组成部分　D. 建设单位自主验收

13. 压力管道中用来反射水锤波，以缩短管道长度，改善机组运行条件的是（　　）
A. 前室　B. 调压室
C. 减压阀　D. 进水室

14. 预应力混凝土强度不得低于（　　）
A. C20　B. C30
C. C40　D. C50

15. 装载机额定载重量为 2 t 属于（　　）
A. 小型　B. 轻型
C. 中型　D. 重型

16. 下列选项中，不属于水泵内的能量损失的是（　　）
A. 延程损失　B. 水力损失
C. 容积损失　D. 机械损失

17. 堆石料的压实控制指标是（　　）
A. 干密度　B. 相对密度
C. 孔隙率　D. 施工含水量

18. 将碎石用冲击的方法压入土中，形成一个个的柱体，从而增加地基强度的方法是（　　）
A. 防渗墙　B. 置换法
C. 挤实法　D. 排水法

19. 纵向围堰上游的高度和（　　）高度一致。
A. 上游横向围堰　B. 下游横向围堰
C. 上游水位　D. 下游水位

20. 下列选项中，不属于重力坝荷载的是（　　）
A. 静水压力　B. 扬压力
C. 离心力　D. 地震作用

得　分	评卷人

二、多项选择题（共10题，每题2分。每题的备选项中，有2个或2个以上符合题意，至少有1个错项。错选，本题不得分；少选，所选的每个选项得0.5分）

21. 水电站一般由（　　）等建筑物组成。
A. 进水口　　B. 引水建筑物
C. 平水建筑物　　D. 供水塔
E. 厂区枢纽

22. 下列工程中，属于超过一定规模的危险性较大的单项工程有（　　）
A. 开挖深度为15 m的人工挖孔桩工程　　B. 架体高度为15 m的悬挑式脚手架工程
C. 基坑开挖深度为3 m的石方开挖工程　　D. 基坑开挖深度为6 m的土方开挖工程
E. 搭设高度为50 m的落地式钢管脚手架工程

23. 抛投块料截流方法分为（　　）
A. 平堵　　B. 上下堵
C. 立堵　　D. 斜堵
E. 混合堵

24. 根据《水利水电工程施工质量检验与评定规程》，水力发电项目一般划分为（　　）
A. 临时工程　　B. 单位工程
C. 分项工程　　D. 分部工程
E. 单元工程

25. 根据《水利部关于修改〈水利工程建设监理单位资质管理办法〉的决定》，机电及金属结构设备制造监理专业资质分为（　　）
A. 甲级　　B. 乙级
C. 丙级　　D. 丁级
E. 戊级

26. 根据《水利工程建设质量与安全生产监督检查办法（试行）》，安全生产管理违规行为按情节严重程度，应分为（　　）
A. 一般安全生产管理违规行为　　B. 较重安全生产管理违规行为
C. 严重安全生产管理违规行为　　D. 重大安全生产管理违规行为
E. 特别重大安全生产管理违规行为

27. 根据《水电建设工程质量监督检查大纲》，质量监督巡视检查的工作方式主要分为（　　）
A. 阶段性质量监督检查　　B. 专项质量监督检查
C. 持续性质量监督检查　　D. 见证性质量监督检查
E. 随机抽查质量监督检查

28. 根据《防洪法》，防洪工作的原则包括（　　）
A. 全面规划　　B. 预防为辅
C. 统筹兼顾　　D. 综合治理
E. 统一实施

29. 启闭机试验包括（　　）
A. 平衡试验　　B. 空运转试验
C. 破坏试验　　D. 空载试验
E. 动载试验

30. 投标报价可低报的情形有（　　）
A. 投标竞争对手少的工程　　B. 支付条件好的工程
C. 施工条件好的工程　　D. 风险较大的特殊工程
E. 工期要求急的工程

得　分	评卷人

三、实务操作和案例分析题（共4题，每题20分）

【案例一】

背景

某引调水工程，输水线路长15 km，工程建设内容包括渠道、泵站、节制闸、倒虹吸等，设计年引调水量为1.2×10^8 m^3，施工工期为3年。工程施工过程中发生如下事件：

事件1：监理机构组织项目法人、设计和施工等单位对工程进行项目划分，确定了主要分部工程、重要隐蔽单元工程等内容。项目法人在主体工程开工后一周内将项目划分表及说明书面报工程质量监督机构确认。

事件2：施工单位根据《大中型水电工程建设风险管理规范》，将本工程可能存在的项目风险按照风险大小及影响程度，并结合处置原则制定了相应的处置方法。具体包括风险利用、风险缓解、风险规避、风险自留和风险转移等，项目风险与处置方法对应关系如表1所示。

表1　项目风险与处置方法对应关系

序号	项目风险	处置方法
1	损失大、概率大的灾难性风险	A
2	损失小、概率大的风险	B
3	损失大、概率小的风险	C
4	损失小、概率小的风险	D
5	有利于工程项目目标的风险	风险利用

事件3：施工单位在施工现场设置的安全标志牌有：
（1）必须戴安全帽。
（2）禁止跨越。
（3）当心坠落。

事件4：倒虹吸顶板混凝土施工时，模板支撑系统失稳倒塌，造成9人重伤、3人轻伤的生产安全事故。施工单位第一时间通过电话向当地政府相关部门快报了事故情况，内容包括施工单位名称、单位地址、法定代表人姓名和手机号，以及重伤、轻伤、失踪和失联人数等。

问题：

1. 根据《水利水电工程等级划分及洪水标准》，确定该工程的等别和主要永久性水工建筑物级别。

2. 指出并改正事件1中项目法人的不妥之处。

3. 分别指出事件2中A，B，C，D对应的项目风险处置方法。

4. 指出事件3中施工单位设置的安全标志牌属于哪种标志？

5. 判定事件 4 的事故等级，并补充施工单位向当地政府相关部门快报还应包括的内容。

【案例二】

背景

某山区河道新建混凝土重力坝工程，设计坝高 28 m。工程主要施工项目内容包括岩石开挖、基础固结灌浆、帷幕灌浆、坝体混凝土浇筑。合同约定该工程主要施工项目内容应在 2022 年 8 月完成。工程实施过程中发生如下事件：

事件 1：施工单位把坝体某坝段混凝土分为Ⅰ，Ⅱ，Ⅲ层浇筑施工，固结灌浆在Ⅰ层混凝土浇筑完成后进行。混凝土重力坝结构及施工方案示意图如图 1 所示。

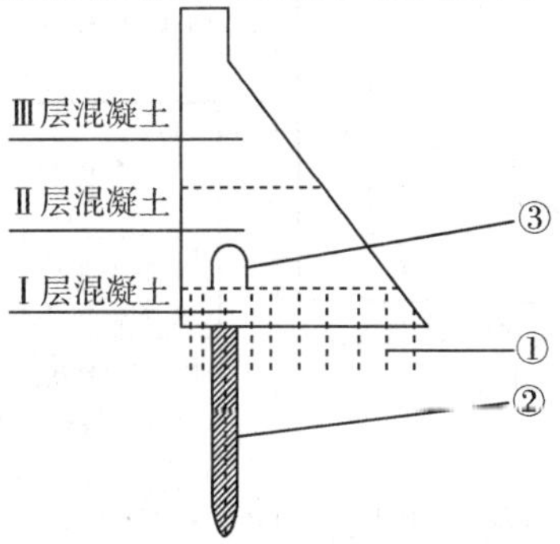

图 1　混凝土重力坝结构及施工方案示意图

事件 2：施工单位编制的某坝段施工进度计划如图 2 所示（每月按 30 天计，持续时间包含必要的间歇时间）。监理工程师审查后指出图 2 中项次 4，5，6 的项目开始时间安排不合理，并要求改正。

项次	项目名称	持续时间/天	2021 年			2022 年								
			10	11	12	1	2	3	4	5	6	7	8	9
1	岩石开挖	30	━											
2	Ⅰ层坝体混凝土浇筑	60		━	━									
3	固结灌浆	60				━	━							
4	帷幕灌浆	90				━	━	━						
5	Ⅱ层坝体混凝土浇筑	90							━	━	━			
6	Ⅲ层坝体混凝土浇筑	90										━	━	━

图 2　某坝段施工进度计划

事件 3：施工单位编制的大体积混凝土施工方案部分内容如下：

（1）水平施工缝采用风砂枪打毛处理，纵缝表面不作处理。

（2）夏季混凝土温控采取了降低混凝土出机口温度和浇筑后温度控制措施。

（3）坝体混凝土应在终凝后开始养护，养护时间不少于 28 天。

事件 4：某坝段浇筑完成后，验收时发现了一条冷缝，需进行处理。

问题：

1. 指出图 1 中①，②，③对应的工程部位或施工项目名称。指出图 2 中施工进度计划的表达方法名称，除该表达方法外，施工进度计划还有哪些表达方法？

2. 根据事件 2，分别说明图 2 中项次为 4，5，6 的项目合理开始时间。

3. 改正事件 3 中大体积混凝土施工方案的不妥之处。

4. 事件 3 中，降低混凝土出机口温度和浇筑后温度控制措施的具体温控方法分别有哪些？

5. 指出事件 4 中冷缝产生的原因和处理措施。

【案例三】

背景

某水利枢纽工程由电站、泄水闸和土坝组成。泄水闸底板、闸墩均为 C30 钢筋混凝土结构；土坝为均质土坝，上游设干砌块石护坡，下游设草皮护坡和堆石排水体。工程施工过程中发生如下事件：

事件 1：泄水闸施工前，承包人委托有关单位对 C30 混凝土进行配合比试验，确定了配合比（见表 2），并报监理机构批准。

表 2　泄水闸 C30 混凝土配合比

材料名称	水泥	砂	石子	水	外加剂	粉煤灰	矿粉	硅粉
品种规格	P·O 42.5	中砂	5～40	自来水	SH－306	Ⅰ级	S95	
每 m^3 混凝土材料用量/kg	260	752	1 082	170	4.02	40	35	15

事件 2：泄水闸底板混凝土施工过程中，承包人采用标准坍落度筒（上口口径 100 mm，下口口径 200 mm，高度 300 mm 的截头圆锥筒）对混凝土坍落度进行测定，测定结果如图 3 所示。

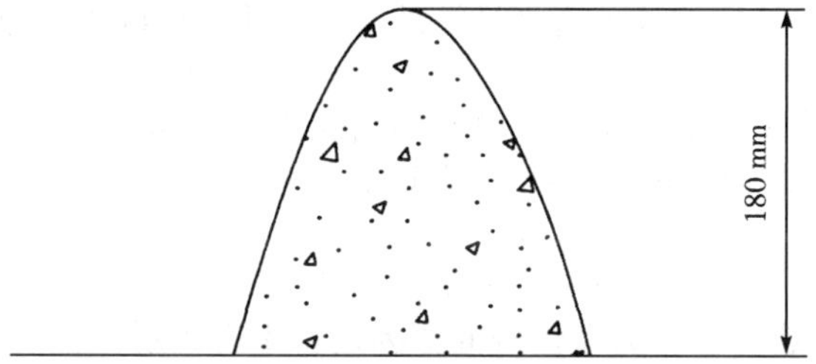

图 3　混凝土坍落度测定示意图

事件 3：承包人在泄水闸闸墩施工过程中，对闸墩的模板安装、钢筋制作及安装等工序按照《水利水电工程单元工程施工质量验收评定标准—混凝土工程》进行了施工质量验收评定。

事件 4：承包人组织有关人员对闸墩混凝土出现的竖向裂缝在工程质量缺陷备案表中进行了如实填写，并报监理机构备案，作为工程竣工验收备查资料。工程质量缺陷备案表填写内容包括质量缺陷产生的部位、原因等。

事件 5：土坝坝面作业中，承包人进行了铺土、平土、铺筑反滤层及质量检查等工序作业。

问题：

1. 根据事件 1，计算泄水闸 C30 混凝土的水胶比和砂率（保留小数点后 2 位）。

2. 根据事件 2，计算混凝土坍落度。

3. 事件 3 中,除模板安装、钢筋制作及安装外,闸墩施工质量验收评定工作还应包括哪些内容?

4. 指出并改正事件 4 中质量缺陷备案处理程序的不妥之处;除给出的填写内容外,工程质量缺陷备案表还应填写哪些内容?

5. 事件 5 中,除铺土、平土、铺筑反滤层及质量检查外,土坝坝面作业还应包括哪些施工工序?

【案例四】

背 景

某中型灌区由政府投资建设,发包人依据《水利水电工程标准施工招标文件》编制施工招标文件,根据《水利工程工程量清单计价规范》编制工程量清单。施工单位甲中标并与发包人签订了灌区施工承包合同。招投标及合同履行过程中发生如下事件:

事件 1: 招标工作启动时,地方政府临时提出结合新农村建设增加生态景观工程。该生态景观工程估算投资 450 万元,其设计尚未批复。发包人将其以暂估价形式列入灌区施工招标工程量清单中,并约定通过招标选择相应承包人。灌区施工招标分类分项工程量清单如表 3 所示。

表 3 某灌区施工招标分类分项工程量清单

序号	项目编码	项目名称	计量单位	工程数量	单价/元	合价/元	备注
1	500101003001	土方开挖工程	m^3	1 050 000			
2	500103001001	土方填筑工程	m^3	850 000			
3	500109001001	渠道混凝土衬砌	m^3	12 000			
4	500114001001	生态景观工程	项	1		4 500 000	暂估价

事件 2: 发包人提供的勘探资料显示渠道沿线开挖土料可用于填筑。投标时,施工单位甲据此制定了土方平衡方案,明确土方开挖后首先用于填筑,多余部分按弃土处理。土方填筑工程完工计量时,监理单位认定按施工图纸计算的工程量为 800 000 m^3,施工单位甲则要求按招标工程量 850 000 m^3 计量。

事件 3: 渠道底板厚 20 cm,埋设若干单个横截面积 0.08 m^2 的排水管。某月进度支付中,监理单位在审核进度付款申请单时扣除了"渠道混凝土衬砌"子目 15 个排水管所占体积的相应混凝土费用。

问题:

1. 指出发包人将生态景观工程作为暂估价的原因及将生态景观工程暂估价计入分类分项工程量清单是否妥当?并说明理由。

2. 土方填筑工程完工计量时,应按哪种方法计量?已知自然方和压实方的转换系数为 0.85,求弃土量。

3. 指出生态景观工程暂估价组织招标的形式和适用情形。

4. 事件 3 中,监理单位扣除排水管相应混凝土费用是否合理?说明理由。

参考答案及解析

一、单项选择题

1. C 【解析】根据《水工混凝土施工规范》,模板锚固件应避开结构受力钢筋,模板附件的安全系数,应按下表采用。

模板附件的最小安全系数

附件名称	结构形式	安全系数
模板拉杆及锚固头	所有使用的模板	2.0
模板锚固件	仅支承模板重量和混凝土压力的模板	2.0
	支承模板和混凝土重量、施工活荷载和冲击荷载的模板	3.0
模板吊耳	所有使用的模板	4.0

2. C 【解析】根据《水利水电工程启闭机设计规范》,螺杆式启闭机型号的表示方法如下图所示。

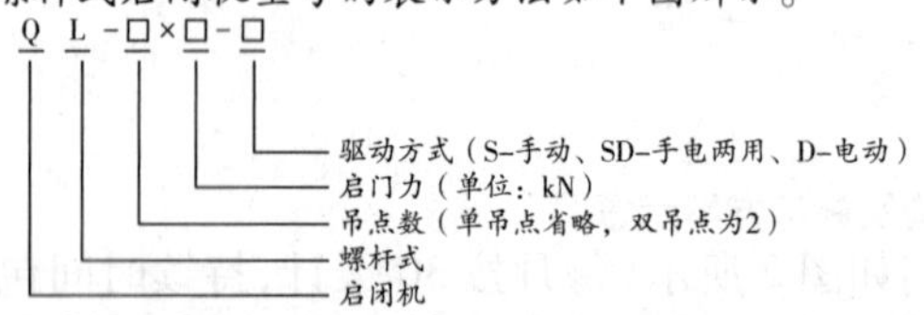

3. D 【解析】项目后评价的主要内容应包括过程评价、经济评价、环境影响及水土保持评价、社会影响及移民安置评价、目标和可持续性评价、综合评价等。其中,过程评价包括前期工作评价、建设实施评价、运行管理评价。

4. C 【解析】水闸实行定期安全鉴定制度。首次安全鉴定应在竣工验收后 5 年内进行,以后应每隔 10 年进行 1 次全面安全鉴定。运行中遭遇超标准洪水、强烈地震、增水高度超过校核潮位的风暴潮、工程发生重大事故后,应及时进行安全检查,如出现影响安全的异常现象的,应及时进行安全鉴定。闸门等单项工程达到折旧年限,应按有关规定和规范适时进行单项安全鉴定。

5. B 【解析】根据问题可能产生的影响程度、潜在风险等认定时,可能对主体工程的质量、安全、进度或投资规模等产生较大影响的问题认定为"严重",产生较小影响的认定为"较重"或"一般"。

6. C 【解析】根据《水利基本建设项目竣工决算审计规程》,竣工决算审计方法应主要包括详查法、抽查法、核对法、调查法、分析法等。其他方法按照审查书面资料的技术,可分为审阅法、复算法、比较法等;按照审查资料的顺序,可分为逆查法和顺查法等;实物核对的方法,可分为盘点法、调节法和鉴定法等。

7. C 【解析】达标单位在证书有效期内累计记分达到 10 分,实施黄牌警示;累计记分达到 15 分,证书期满后将不予延期;累计记分达到 20 分,撤销证书。

8. D 【解析】根据《水工建筑物地下工程开挖施工技术规范》,进行爆破时,人员应撤至飞石、有害气体和冲击波的影响范围之外,且无落石威胁的安全地点。单向开挖洞室,安全地点至爆破工作面的距离,应不小于 200 m。

9. B 【解析】根据水利水电工程分等指标,$0.001 \times 10^8\ m^3 \leq$ 小(2)型水库总库容 $< 0.01 \times 10^8\ m^3$。根据《关于印发〈注册建造师执业工程规模标准〉(试行)的通知》,水库工程规模分类见下表。则小(2)型水库在执业工程规模标准中属于中型。

注册建造师执业工程规模标准

工程类别	单位	规模		
		大型	中型	小型
水库工程(蓄水枢纽工程)	$10^8\ m^3$	≥1.0	1.0~0.001	<0.001

10. B 【解析】建设单位(项目法人)项目负责人对水利工程质量承担全面责任,不得违法发包、肢解发包,不得以任何理由要求勘察、设计、施工、监理等单位违反法律法规和工程建设强制性标准,降低工程质量,其违法违规或不当行为造成工程质量事故或质量问题的,应当承担责任。【此知识点已删去】

11. A 【解析】根据《构建水利安全生产风险管控"六项机制"的实施意见》,水利安全生产风险管理"六项机制"包括风险查找机制、风险研判机制、风险预警机制、风险防范机制、风险处置机制和风险责任机制。

12. D 【解析】根据《国务院关于取消一批行政许可事项的决定》,取消生产建设项目水土保持设施验收审批行政许可,转为建设单位自主验收。生产建设项目水土保持设施自主验收包括水土保持设施验收报告编制和竣工验收两个阶段。

13. B 【解析】调压室是指在较长的压力引水(尾水)道与压力管道之间修建的,用以降低压力管道的水锤压力和改善机组运行条件的水电站建筑物。调压室的位置应尽量靠近厂房,以缩短压力管道的长度;调压室能较充分地反射压力管道传来的水锤波。

14. B 【解析】预应力混凝土结构构件的混凝土强度等级不应低于 C30;当采用钢绞线、钢丝作预应力钢筋时,混凝土强度等级不宜低于 C40。

15. B 【解析】装载机是一种高效的挖运组合机械,其按行走装置分为轮胎式和履带式;按卸料方式分为前卸式、后卸式、侧卸式和回转式;按额定载重量分为小型(<1 t)、轻型(1~3 t)、中型(4~8 t)和重型(>10 t)。

16. A 【解析】水泵是一种能量转换的机器,在能量转换过程中定会伴随能量的损失,其转换的量度就是效率。水泵内的能量损失包括容积损失、机械损失和水力损失三部分。

17. C 【解析】防渗体压实控制指标采用干密度、含水率或压实度。反滤料、过渡料、垫层料及砂砾料的压实控制指标采用干密度或相对密度。堆石料的压实控制指标采用孔隙率。

18. C 【解析】挤实法是指用振动或冲击荷载在软基中压入砂或碎石，形成一个个大直径的密实砂桩的方法。该方法通过桩的挤密作用改善桩周土的物理力学性能，增加地基强度。

19. A 【解析】围堰按其与水流方向的相对位置可分为横向围堰和纵向围堰。其中，纵向围堰是指平行于水流方向的围堰，其上游部分的高度与上游围堰的高度相同。

20. C 【解析】根据《混凝土重力坝设计规范》，作用在坝上的荷载可分为基本荷载和特殊荷载，基本荷载包括下列内容：坝体及其上永久设备自重；正常蓄水位、设计洪水位时大坝上游面、下游面的静水压力；扬压力；淤沙压力；正常蓄水位或设计洪水位时的浪压力；冰压力；土压力；设计洪水位时的动水压力；其他出现机会较多的荷载。特殊荷载包括下列内容：校核洪水位时大坝上游面、下游面的静水压力；校核洪水位时的扬压力；校核洪水位时的浪压力；校核洪水位时的动水压力；排水失效时的扬压力；地震荷载；其他出现机会很少的荷载。

二、多项选择题

21. ABCE 【解析】水电站是指将水能转换成电能的各种建筑物和设备的综合体，由引水建筑物、平水建筑物、进水口和厂区枢纽组成，也称水力发电站。

22. DE 【解析】根据《水利水电工程施工安全管理导则》，超过一定规模的危险性较大的单项工程，主要包括下列工程：(1)深基坑工程：①开挖深度超过5 m(含)的基坑(槽)的土方开挖、支护、降水工程。②开挖深度虽未超过5 m，但地质条件、周围环境和地下管线复杂，或影响毗邻建筑(构筑)物安全的基坑(槽)的土方开挖、支护、降水工程。(2)模板工程及支撑体系：①工具式模板工程：滑模、爬模、飞模工程。②混凝土模板支撑工程：搭设高度8 m及以上；搭设跨度18 m及以上；施工总荷载15 kN/m^{2}及以上；集中线荷载20 kN/m及以上。③承重支撑体系：用于钢结构安装等满堂支撑体系，承受单点集中荷载700 kg以上。(3)起重吊装及安装拆卸工程：①采用非常规起重设备、方法，且单件起吊重量在100 kN及以上的起重吊装工程。②起重量300 kN及以上的起重设备安装工程；高度200 m及以上内爬起重设备的拆除工程。(4)脚手架工程：①搭设高度50 m及以上落地式钢管脚手架工程。②提升高度在150 m及以上附着式整体和分片提升脚手架工程。③架体高度20 m及以上悬挑式脚手架工程。(5)拆除、爆破工程：①采用爆破拆除的工程。②可能影响行人、交通、电力设施、通信设施或其他建筑物、构筑物安全的拆除工程。③文物保护建筑、优秀历史建筑或历史文化风貌区控制范围的拆除工程。(6)其他：①开挖深度超过16 m的人工挖孔桩工程。②地下暗挖工程、顶管工程、水下作业工程。③采用新技术、新工艺、新材料、新设备及尚无相关技术标准的危险性较大的单项工程。

23. ACE 【解析】抛投块料截流可分为平堵、立堵和混合堵三种方式。其中，平堵主要是修筑栈桥，但栈桥价格很贵，施工技术条件也很复杂，故不常采用，但适用于易冲刷的地基上的截流。

24. BDE 【解析】水利水电工程质量检验与评定应进行项目划分。项目按级划分为单位工程、分部工程、单元(工序)工程等三级。

25. AB 【解析】水利工程建设监理单位资质分为水利工程施工监理、水土保持工程施工监理、机电及金属结构设备制造监理和水利工程建设环境保护监理四个专业。其中，水利工程施工监理专业资质和水土保持工程施工监理专业资质分为甲级、乙级和丙级三个等级，机电及金属结构设备制造监理专业资质分为甲级、乙级两个等级，水利工程建设环境保护监理专业资质暂不分级。

26. ABC 【解析】安全生产管理违规行为是指水利工程建设参建单位及其人员违反法律、法规、规章、技术标准、设计文件和合同要求的各类行为。安全生产管理违规行为分为一般安全生产管理违规行为、较重安全生产管理违规行为、严重安全生产管理违规行为。

27. ABE 【解析】水电建设工程质量监督一般采取巡视检查的工作方式。巡视检查主要分为阶段性质量监督检查、专项质量监督检查和随机抽查质量监督检查。阶段性质量监督检查不得省略或替代；专项质量监督检查主要针对一定建设规模、具有一定技术特点的工程开展；随机抽查质量监督检查主要以不定期的方式开展。【此知识点已删去】

28. ACD 【解析】防洪工作实行全面规划、统筹兼顾、预防为主、综合治理、局部利益服从全局利益的原则。防洪工作按照流域或者区域实行统一规划、分级实施和流域管理与行政区域管理相结合的制度。

29. BDE 【解析】启闭机试验包括：(1)空运转试验。启闭机出厂前，在未安装钢丝绳和吊具的组装状态下进行的试验。(2)空载试验。启闭机在无荷载状态下进行的运行试验和模拟操作。(3)动载试验。启闭机在1.1倍额定荷载状态下进行的运行试验和操作。主要目的是检查起升机构、运行机构和制动器的工作性能。(4)静载试验。启闭机在1.25倍额定荷载状态下进行的静态试验和操作。主要目的是检验启闭机各部件和金属结构的承载能力。

30. BC 【解析】实际投标中，可根据具体情况选用不同的投标报价策略，包括无利润报价、投标报价低报、投标报价高报和不平衡报价等。其中，投标报价低报的情形除选项B、C外，还有：(1)投标竞争对手较多的工程。(2)对工期没有紧急要求的工程。(3)施工结束而施工机械设备没有可转移的工地的工程。(4)有意开拓某一地区市场且有相应策略。(5)该工程附近有项目且有可利用的设备、人员等。(6)工程量大、工作简单的工程。

三、实务操作和案例分析题

案例(一)

1. 工程的等别为Ⅲ等，主要永久性水工建筑物级别为3级。

2. 不妥之处一：监理机构组织项目法人、设计和施工等单位对工程进行项目划分。

改正：由项目法人组织监理、设计及施工等单位进行工程项目划分。

不妥之处二：项目法人在主体工程开工后一周内将项目划分表及说明书面报工程质量监督机构确认。

改正：项目法人在主体工程开工前将项目划分表及说明书面报质量监督机构确认。

3. A：风险规避；B：风险缓解；C：风险转移；D：风险自留。

4. 必须戴安全帽属于指令标志；禁止跨越属于禁止标志；当心坠落属于警告标志。

5. 该事故造成9人重伤，属于一般事故。

快报内容还应包括事故发生时间、具体地点，已经造成的损失情况，可视情况附现场照片等信息资料。

【解析】

本案例第1问主要考查水利水电工程分等指标和永久性水工建筑物级别的确定。水利水电工程的等别，应根据其工程规模、效益和在经济社会中的重要性，按下表确定。

水利水电工程分等指标

工程等别	工程规模	水库总库容/10^8 m^3	防洪			治涝	灌溉	供水		发电
			保护人口/10^4人	保护农田面积/10^4亩	保护区当量经济规模/10^4人	治涝面积/10^4亩	灌溉面积/10^4亩	供水对象重要性	年引水量/10^8 m^3	发电装机容量/MW
Ⅰ	大(1)型	≥10	≥150	≥500	≥300	≥200	≥150	特别重要	≥10	≥1 200
Ⅱ	大(2)型	<10，≥1.0	<150，≥50	<500，≥100	<300，≥100	<200，≥60	<150，≥50	重要	<10，≥3	<1 200，≥300
Ⅲ	中型	<1.0，≥0.10	<50，≥20	<100，≥30	<100，≥40	<60，≥15	<50，≥5	比较重要	<3，≥1	<300，≥50
Ⅳ	小(1)型	<0.1，≥0.01	<20，≥5	<30，≥5	<40，≥10	<15，≥3	<5，≥0.5	一般	<1，≥0.3	<50，≥10
Ⅴ	小(2)型	<0.01，≥0.001	<5	<5	<10	<3	<0.5		<0.3	<10

水库及水电站工程的永久性水工建筑物级别，应根据其所在工程的等别和永久性水工建筑物的重要性，按下表确定。

永久性水工建筑物级别

工程等别	主要建筑物	次要建筑物
Ⅰ	1	3
Ⅱ	2	3
Ⅲ	3	4
Ⅳ	4	5
Ⅴ	5	5

本案例第2问主要考查项目划分程序的规定。由项目法人组织监理、设计及施工等单位进行工程项目划分，并确定主要单位工程、主要分部工程、重要隐蔽单元工程和关键部位单元工程。项目法人在主体工程开工前应将项目划分表及说明书面报相应工程质量监督机构确认。工程质量监督机构收到项目划分书面报告后，应在14个工作日内对项目划分进行确认并将确认结果书面通知项目法人。

本案例第3问主要考查项目风险处置方法。风险控制应采用经济、可行、积极的处置措施规避、减少、隔离、转移风险，具体应采用风险规避、风险转移、风险缓解、风险自留、风险利用等方法。风险控制应符合下列要求：(1)损失大、概率大的灾难性风险，应采取风险规避。(2)损失小、概率大的风险，宜采取风险缓解。(3)损失大、概率小的风险，宜采用保险或合同条款将责任进行风险转移。(4)损失小、概率小的风险，宜采用风险自留。(5)有利于工程项目目标的风险，宜采用风险利用。

本案例第4问主要考查安全标志及其分类。安全标志分禁止标志、警告标志、指令标志和提示标志四大类型。禁止标志是指禁止人们不安全行为的图形标志，包括禁止跨越、禁止攀登等；警告标志是指提醒人们对周围环境引起注意，以避免可能发生危险的图形标志，包括当心坠落、当心火灾等；指令标志是指强制人们必须做出某种动作或采用防范措施的图形标志，包括必须戴安全帽、注意通风等；提示标志是指向人们提供某种信息(如标明安全设施或场所等)的图形标志，包括安全出口、疏散方向等。多个标志牌在一起设置时，应按警告、禁止、指令、提示类型的顺序，从左到右、从上到下排列。

本案例第5问主要考查生产安全事故等级及事故报告的内容。根据《水利部生产安全事故应急预案》，生产安全事故分为特别重大事故、重大事故、较大事故和一般事故4个等级，分级标准如下：(1)特别重大事故，是指造成30人以上死亡，或者100人以上重伤(包括急性工业中毒,下同),或者直接经济损失1亿元以上的事故。(2)重大事故,是指造成10人以上30人以下死亡,或者50人以上100人以下重伤,或者直接经济损失5 000万元以上1亿元以下的事故。(3)较大事故,是指造成3人以上10人以下死亡,或者10人以上50人以下重伤,或者直接经济损失1 000万元以上5 000万元以下的事故。(4)一般事故,是指造成3人以下死亡,或者3人以上10人以下重伤,或者直接经济损失100万元以上1 000万元以下的事故。(5)较大涉险事故,是指发生涉险10人以上,或者造成3人以上被困或下落不明,或者需要紧急疏散500人以上,或者危及重要场所和设施(电站、重要水利设施、危化品库、油气田和车站、码头、港口、机场及其他人员密集场所)的事故。上述所称的"以上"包括本数,所称的"以下"不包括本数。事故报告方式分快报和书面报告。快报可采用电话、手机短信、微信、电子邮件等多种方式,但须通过电话确认。快报内容具体详见答案。

案例(二)

1. ①为固结灌浆孔;②为防渗帷幕;③为灌浆廊道。

图2中施工进度计划的表达方法为横道图。施工进度计划表达方法还有:工程进度曲线、施工进度管理控制曲线、形象进度图、网络进度计划。

2. 项次4的合理开始时间为2022年6月1日;

项次5的合理开始时间为2022年3月1日;

项次6的合理开始时间为2022年6月1日。

3. 不妥之处一:水平施工缝采用风砂枪打毛处理,纵缝表面不作处理。

改正:施工缝应采用高压水枪或风砂枪清除老混凝土表面的水泥膜(乳皮),使表面有石子半露的麻面。对纵缝表面可不凿毛,但应冲洗干净。

不妥之处二:坝体混凝土应在终凝后开始养护。

改正:常态混凝土应在初凝后3 h开始保湿养护;碾压混凝土可在收仓后进行喷雾养护,并尽早开始保湿养护。

4. 降低混凝土出机口温度宜采取的措施:

(1)混凝土的粗骨料可采用风冷、浸水、喷淋冷水等预冷措施。

(2)拌和楼宜采用加冰、加制冷水拌和混凝土。

浇筑后温度控制宜采取的措施:冷却水管通水冷却、表面流水冷却、表面蓄水降温等措施。

5. 冷缝产生的原因:层间间歇超过了混凝土初凝时间。

处理措施:冷缝可用冲毛、刷毛等方法清除浮浆及松动骨料,使其微露粗砂。缝面应清洗干净,经验收合格后,及时铺垫拌和物和混凝土,并在垫层拌和物初凝前碾压完毕。

【解析】

本案例第1问主要考查混凝土重力坝的结构及施工进度计划的表达方法。帷幕灌浆是在坝体内部设置灌浆廊道,然后在廊道中利用地质钻机对地层进行钻孔,打造合适的帷幕钻孔,再向孔内灌注具备较高压力的水泥浆,水泥浆被注入后会逐渐渗入到地下层,慢慢凝固到一起,逐渐与钻孔形成一个凝固的整体,底部深度直达岩层内部,最终形成防渗帷幕。固结灌浆是指采用灌浆方法加固有裂隙或破碎等地质缺陷的地基以增强其整体性和承载能力的工程措施。对混凝土重力坝,多进行坝基全面积固结灌浆。基础灌浆宜先进行固结灌浆,后进行帷幕灌浆。施工进度计划表达方法详见答案。

本案例第2问主要考查工程施工进度。帷幕灌浆应在本坝段和相邻坝段固结灌浆完成后进行,并应在蓄水前完成。帷幕灌浆在廊道内进行,故帷幕灌浆应在Ⅱ层坝体混凝土浇筑完成后进行,可与Ⅲ层坝体混凝土浇筑同时进行。因此,项次4的合理开始时间为2022年6月1日;项次5的合理开始时间为2022年3月1日;项次6的合理开始时间为2022年6月1日。

本案例第3问主要考查施工缝的处理与混凝土养护。施工缝是指浇筑块之间新老混凝土之间的结合面。为了保证建筑物的整体性,在新混凝土浇筑前,需采用高压水枪或风砂枪将老混凝土表面的水泥膜(又称乳皮)清除干净,并使其表面新鲜整洁、有石子半露的麻面,以利于新老混凝土的紧密结合。对于纵缝,可不进行凿毛处理,但应冲洗干净。混凝土养护应遵守下列规定:(1)坝体混凝土施工中出现的所有临时或永久暴露面均应进行养护。常态混凝土应在初凝后3 h开始保湿养护;碾压混凝土可在收仓后进行喷雾养护,并尽早开始保湿养护。养护期内应始终使混凝土表面保持湿润状态。(2)混凝土养护可采用喷雾、旋喷洒水、表面流水、表面蓄水、花管喷淋、覆盖潮湿草袋、铺湿砂层或湿砂袋、涂刷养护剂、人工洒水等方式。(3)混凝土宜养护至设计龄期,养护时间不宜少于28天。闸墩、抗冲磨混凝土等特殊部位宜适当延长养护时间。

本案例第4问主要考查混凝土温度控制措施。降低混凝土出机口温度宜采取下列措施:(1)常态混凝土的粗骨料可采用风冷、浸水、喷淋冷水等预冷措施,碾压混凝土的粗骨料宜采用风冷措施。采用风冷时冷风温度宜比骨料冷却终温低10 ℃,且经风冷的骨料终温不应低于0 ℃。喷淋冷水的水温不宜低于2 ℃。(2)拌和楼宜采用加冰、加制冷水拌和混凝土。加冰时宜采用片冰或冰屑,常态混凝土加冰率不宜超过总水量的70%,碾压混凝土加冰率不宜超过总水量的50%。加冰时可适当延长拌和时间。混凝土浇筑后温度控制措施:(1)混凝土浇筑后温度控制宜采用冷却水管通水冷却、表面流水冷却、表面蓄水降温等措施。坝体有接缝灌浆要求时,应采用水管通水冷却方法。(2)高温季节,常态混凝土终凝后可采用表面流水冷却或表面蓄水降温措施。表面流水冷却的仓面宜设置花管喷淋,形成表面流动水层;表面蓄水降温应在混凝土表面形成厚度不小于5 cm的覆盖水层。(3)坝高大于200 m或温度控制条件复杂时,宜采用自动调节通水降温的冷却控制方法。

本案例第5问主要考查冷缝产生的原因和处理措施。层间间歇超过混凝土初凝时间,会出现冷缝。混凝土施工缝和冷缝的缝面可用冲毛、刷毛等方法清

除浮浆及松动骨料,使其微露粗砂。冲毛、刷毛时间可根据施工季节、混凝土强度、设备性能等因素,经现场试验确定。缝面应清洗干净,经验收合格后,及时铺垫层拌和物和上一层混凝土,并在垫层拌和物初凝前完成碾压。

案例(三)

1. 水胶比=170/(260+40+35+15)=0.49;

砂率=752/(752+1 082)×100%=41%。

2. 混凝土坍落度=300-180=120(mm)。

3. 闸墩施工质量验收评定工作还应包括:基础面或施工缝处理、预埋件制作及安装、混凝土浇筑、外观质量检查。

4. 不妥之处:承包人组织有关人员对闸墩混凝土出现的竖向裂缝在工程质量缺陷备案表中进行了如实填写,并报监理机构备案。

改正:质量缺陷备案表由监理单位组织填写,报工程质量监督机构备案。

工程质量缺陷备案表还应填写对质量缺陷是否处理和如何处理以及对建筑物使用的影响。

5. 土坝坝面作业还应包括:洒水或晾晒(控制含水量)、土料压实、修整边坡、排水体及护坡。

【解析】

本案例第1问主要考查水胶比和砂率的计算。水胶比=水的质量/胶凝材料的质量,胶凝材料的质量包括水泥的重量和任何掺合料的重量,如粉煤灰、矿粉、硅粉等;砂率=砂的质量/(砂+石)的质量。

本案例第2问主要考查混凝土的坍落度。坍落度=坍落前混凝土原高度-坍落后混凝土最高点的高度。混凝土拌和物的和易性(坍落度指标)可分为低塑性混凝土(坍落度为10~40 mm)、塑性混凝土(坍落度为50~90 mm)、流动性混凝土(坍落度为100~150 mm)、大流动性混凝土(坍落度不低于160 mm)。

本案例第3问主要考查闸墩评定工作。闸墩的评定工作包括模板安装、基础面或施工缝处理、钢筋制作及安装、预埋件制作及安装、混凝土浇筑、外观质量检查。

本案例第4问主要考查质量缺陷备案表。在施工过程中,因特殊原因使得工程个别部位或局部发生达不到技术标准和设计要求(但不影响使用),且未能及时进行处理的工程质量缺陷问题(质量评定仍定为合格),应以工程质量缺陷备案形式进行记录备案。质量缺陷备案表由监理单位组织填写,内容应真实、准确、完整。各工程参建单位代表应在质量缺陷备案表上签字,若有不同意见应明确记载。质量缺陷备案表应及时报工程质量监督机构备案。质量缺陷备案表的内容包括质量缺陷产生的部位、原因,对质量缺陷是否处理和如何处理以及对建筑物使用的影响等。

本案例第5问主要考查土坝坝面作业工序。土坝坝面作业工序详见答案。

案例(四)

1. 生态景观工程作为暂估价的原因:项目在工程招标阶段已经确定,但又无法在当时确定准确价格,而可能影响招标效果。

生态景观工程暂估价计入分类分项工程量清单不妥当。理由:暂估价应计入其他项目清单。

2. 土方填筑工程完工计量时,应按施工图纸计量。

弃土量=1 050 000-800 000/0.85=108 823.53(m^3)。

3. 生态景观工程暂估价招标组织方式:

(1)承包人不具备承担暂估价项目的能力或具备承担暂估价项目的能力但明确不参与投标的,由发包人和承包人组织招标。

(2)承包人具备承担暂估价项目的能力且明确参与投标的,由发包人组织招标。

4. 监理单位扣除排水管相应混凝土费用不合理。

理由:单个排水管横截面积小于0.1 m^2 不应扣除所占混凝土体积。

【解析】

本案例第1问主要考查暂估价。暂估价是指发包人在工程量清单中给定的用于支付必然发生,但暂时不能确定价格的材料、设备以及专业工程的金额,可能会影响招标效果。根据《水利工程工程量清单计价规范》,工程量清单包括分类分项工程量清单、措施项目清单、其他项目清单和零星工作项目清单。其中,其他项目清单应按照下列内容列项:(1)暂列金额。(2)暂估价,包括材料暂估单价、工程设备暂估单价、专业工程暂估价。(3)计日工(零星工作)。(4)总承包服务费。

本案例第2问主要考查土方填筑工程的计量规则。土石方填筑工程工程量清单项目的工程量计算规则应按施工图纸所示尺寸计算的填筑体有效压实方体积计量。土方开挖工程量为1 050 000 m^3,实际填土量为800 000/0.85=941 176.47(m^3),开挖工程量与实际填土量的差值即为弃土量,则弃土量=1 050 000-941 176.47=108 823.53(m^3)。

本案例第3问主要考查暂估价的招标方式。发包人在工程量清单中给定暂估价的材料、工程设备和专业工程属于依法必须招标的范围并达到规定的规模标准的,若承包人不具备承担暂估价项目的能力或具备承担暂估价项目的能力但明确不参与投标的,由发包人和承包人组织招标;若承包人具备承担暂估价项目的能力且明确参与投标的,由发包人组织招标。暂估价项目中标金额与工程量清单中所列金额差以及相应的税金等其他费用列入合同价格。必须招标的暂估价项目招标组织形式、发包人和承包人组织招标时双方的权利义务关系在专用合同条款中约定。

本案例第4问主要考查混凝土工程的计量规则。普通混凝土按招标设计图示尺寸计算的有效实体方体积计量。体积小于0.1 m^3 的圆角或斜角,钢筋和金属件占用的空间体积小于0.1 m^3 或截面积小于0.1 m^2 的孔洞、排水管、预埋管和凹槽等的工程量不予扣除。按设计要求对上述孔洞所回填的混凝土也不重复计量。施工过程中由于超挖引起的超填量,冲(凿)毛、拌和、运输和浇筑过程中的操作损耗所发生的费用(不包括以总价承包的混凝土配合比试验费),应摊入有效工程量的工程单价中。

准考证号＿＿＿＿ 姓名＿＿＿＿ 工作单位＿＿＿＿

★★★★密封线内不要答题★★★★

全国二级建造师执业资格考试

水利水电工程管理与实务

2022年二级建造师考试真题

题号	一	二	三	总分
分数				

说明:1.2022年二建考试分两种形式进行,即2天考3科和1天考3科。本套主要为2天考3科的试题。

2.加灰色底纹标记的题目,其知识点已不作考查,可略过学习。

3.解析后标注"☆"的为仿真试题。

得分	评卷人

一、单项选择题(共20题,每题1分。每题的备选项中,只有1个最符合题意)

1.按照土的工程分类,砾质黏土属于(　　)类。

A.Ⅰ　　B.Ⅱ

C.Ⅲ　　D.Ⅳ

2.根据《水电建设工程质量管理暂行办法》,三级检查制度不包括(　　)

A.班组初检　　B.作业队复检

C.项目部终检　　D.监理单位终检

3.均质土坝的防渗体是(　　)

A.斜墙　　B.心墙

C.截水墙　　D.坝体本身

4.稽察组应于现场稽察结束(　　)个工作日内提交稽察报告。

A.3　　B.5

C.10　　D.15

5.环境类别为三类的水闸闸墩混凝土保护层最小厚度为(　　)mm。

A.30　　B.35

C.45　　D.55

6.根据《水利工程设计变更管理暂行办法》,泵站供电电压达到(　　)kV以上属于重大设计变更。

A.35　　B.75

C.110　　D.150

7.混凝土细集料粗细程度用(　　)表示。

A.含砂率　　B.颗粒级配

C.细度模数　　D.坍落度

8.混凝土拌合时,水的称量的允许偏差为(　　)

A.±0.5%　　B.±1.0%

C.±1.5%　　D.±2.0%

9.遇到(　　)级及以上大风天气不得进行高处作业。

A.5　　B.6

C.7　　D.8

10.参建单位应在所承担项目合同验收后(　　)内向项目法人办理档案移交。

A.3个月　　B.5个月

C.6个月　　D.1年

11.根据《水利工程设计概(估)算编制规定(工程部分)》,下列属于临时设施费的是(　　)

A.夜间施工增加费　　B.特殊地区施工增加费

C.场内施工排水费用　　D.安全生产措施费

12.根据《水利基本建设项目竣工决算审计规程》,相关单位和项目法人在收到审计结论后(　　)个工作日内执行完毕。

A.30　　B.60

C.90　　D.120

13.在竣工图章上签名的单位是(　　)

A.施工单位　　B.设计单位

C.建设单位　　D.质量监督机构

14.根据《水利标准化工作管理办法》,水利技术标准按层次共分为(　　)级。

A.3　　B.4

C.5　　D.6

15.下列描述边坡变形破坏现象中,属于松弛张裂的是(　　)

A.土体发生长期缓慢的塑性变形　　B.土体裂隙张开,无明显相对位移

C.土体沿贯通的剪切破坏面滑动　　D.岩体突然脱离母岩

16.常用于充填混凝土的土工合成材料是(　　)

A.土工格栅　　B.土工网

C.土工模袋　　D.土工格室

17.不恰当的混凝土裂缝处理是(　　)

A.在低温季节修补裂缝　　B.在地下水位较低时修补裂缝

C.采用外粘钢板修补裂缝　　D.在低水头下修补裂缝

18.采用挖坑灌砂法检测土石坝堆石料密度时,试坑直径最大不超过(　　)m。

A.0.5　　B.1.0

C.2.0　　D.2.5

19.根据《水利建设工程质量监督工作清单》,下列工作中不属于质量监督工作的是(　　)

A.专项施工方案审核　　B.核备工程验收结论

C.列席项目法人主持的验收　　D.受理质量举报投诉

20.根据《水利水电工程施工组织设计规范》,采用简化毕肖普法计算时,4级均质土围堰边坡稳定安全系数,应不低于(　　)

A.1.05　　B.1.15

C.1.20　　D.1.30

得分	评卷人

二、多项选择题(共10题,每题2分。每题的备选项中,有2个或2个以上符合题意,至少有1个错项。错选,本题不得分;少选,所选的每个选项得0.5分)

21.根据《水法》,水资源规划按层次分为(　　)

A.全国战略规划　　B.流域规划

C.区域规划　　D.城市总规划

E.环境保护规划

22. 水库工程建设实施过程中，水利水电工程注册建造师施工管理签章文件中属于合同管理文件的有 （　　）
A. 复工申请表　　B. 延长工期报审表
C. 变更申请表　　D. 施工月报
E. 合同项目开工令
23. 双面水准尺常数 K 为（　　）mm。
A. 4 587　　B. 4 687
C. 4 787　　D. 4 887
E. 4 987
24. 根据《水利部关于水利安全生产标准化达标动态管理的实施意见》，下列情况中给水利生产经营单位记 20 分的有 （　　）
A. 发生 1 人（含）以上死亡的　　B. 发生较大生产安全事故且负有责任的
C. 存在非法生产经营建设行为的　　D. 申请材料不真实的
E. 迟报生产安全事故的
25. 关于围堰漏洞险情判断与抢险的说法，正确的有 （　　）
A. 漏洞发生在堰体内部，不易发现
B. 若发现纸屑、碎草等漂浮物在水面打漩，表明此处水下有进水口
C. 上游投放颜料，下游观测水色变化
D. 进水口和出水口同时塞堵是最有效的堵漏方法之一
E. 应采用反滤围井法抢护
26. 地基处理的基本方法有 （　　）
A. 防渗墙　　B. 置换法
C. 排水法　　D. 挤实法
E. 漂浮法
27. 关于钢筋制作与安装的说法，正确的有 （　　）
A. 钢筋图中，“”表示无弯钩的钢筋搭接
B. 钢筋图中，“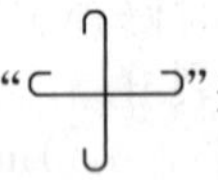”表示双层钢筋的底层钢筋
C. 钢筋检验时，用一根钢筋截取两段分别进行拉伸试验
D. 钢筋直径大于 12 mm 呈棒状的叫重筋
E. 用同牌号钢筋代换时，其直径变化幅度不宜超过 5 mm
28. 关于混凝土浇筑与温度控制的说法，正确的有 （　　）
A. 施工缝是指浇筑块间的临时结合缝，也是新老混凝土的结合面
B. 对于砂砾地基，应浇 10 ~ 20 cm 低强度等级混凝土作垫层
C. 施工缝采用风砂枪打毛时，应在浇筑后 5 ~ 10 h 进行
D. 加冰拌和混凝土时，宜采用冰块
E. 出机口混凝土坍落度超过最大允许值时，按不合格料处理
29. 根据《水利建设质量工作考核办法》，施工单位施工质量保证的考核要点包括 （　　）
A. 现场设计服务情况　　B. 参建单位质量行为检查情况
C. 质量保证体系建立情况　　D. 施工现场管理情况
E. 已完工程实体质量情况
30. 根据《水利建设工程文明工地创建管理办法》，获得“文明工地”可作为（　　）等工作的参考依据。
A. 建设市场主体信用评价　　B. 大禹奖评审
C. 安全生产标准化评审　　D. 工程质量评定
E. 工程质量监督

得　分	评卷人

三、实务操作和案例分析题（共 4 题，每题 20 分）

【案例一】

背　景

某支流河道改建工程主要建设项目包括：5.2 km 新河道开挖、新河道堤防填筑、废弃河道回填等，其工程平面布置示意图如图 1 所示。堤防采用砂砾石料填筑，上游坡面采用现浇混凝土框格 + 植生块护坡，上游坡脚设置现浇混凝土脚槽，下游坡面采用草皮护坡，堤防剖面示意图如图 2 所示。

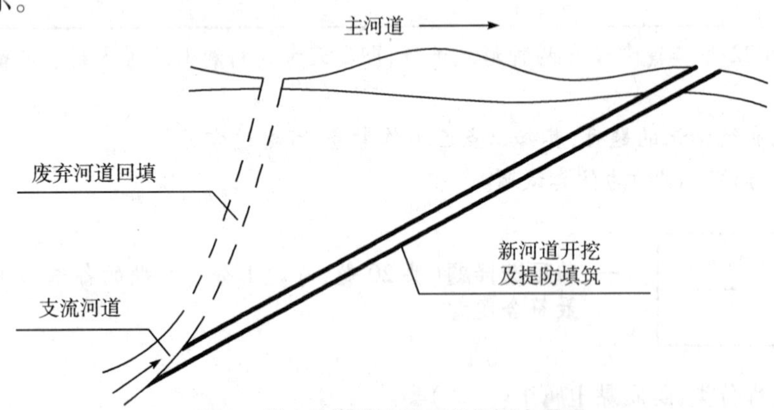

图 1　某支流河道改建工程平面布置图

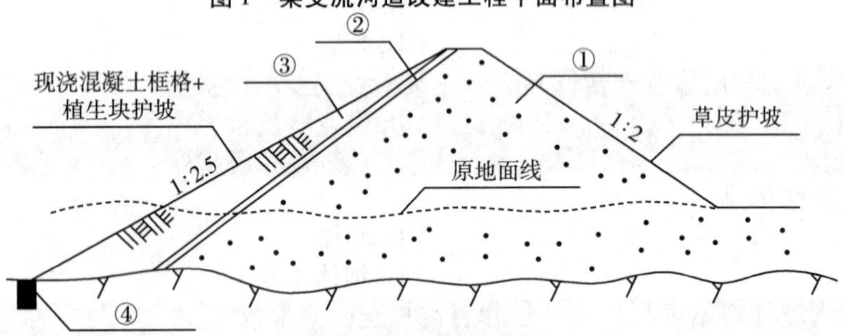

图 2　堤防剖面示意图

工程施工过程中发生如下事件：

事件 1：支流河道常年流水。改建工程开始施工前，施工单位编制了施工导流方案，确定本改建工程分两期施工，在新河道进口和出口处各留一道土埂作为施工围堰，并根据施工期相应河道洪水位对土埂堰顶高程进行了复核等。

事件 2：现浇混凝土采用自建拌合站供应。施工单位根据施工进度安排，计算确定高峰月混凝土浇筑强度为 12 000 m^3/月，并按每天生产 20 h，每月生产 25 天计算拌合站所需生产能力，计算公式为 $P = K_h Q_m / (MN)$，$K_h = 1.5$。

事件 3：堤防填筑时，发现黏土含水量偏大，监理工程师要求施工单位采取措施降低黏性土料含水量。施工单位轮换掌子面开采，检测发现黏性土料含水量仍达不到要求。

问题：

1. 根据背景资料，分别确定一期施工和二期施工的建设项目；指出新河道进口和出口土埂堰顶高程复核时所采用的相应水位；说明开始截断（或回填）直流河道应具备的条件。

2. 指出图 2 中堤防采用的防渗形式；写出图 2 中①②③④所代表的构造名称。

3. 指出事件2公式中 P,K_h,Q_m 所代表的含义，计算拌合站所需的生产能力，并判别拌合站的规模。

4. 事件3中，为降低黏性土料的含水量，除轮换掌子面外，施工单位还可采取哪些措施？

【案例二】

背景

某中型进水闸工程，共9孔，每孔净宽10 m。闸底板前趾底部布置一道混凝土防渗墙；下游防冲槽处自然地面高程16.8 m，地下水水位16.0 m，建基面高程11.0 m。工程施工过程中发生如下事件：

事件1：工程工期22个月，全年施工，上游采用黏土围堰，围堰的设计洪水标准为5年一遇，上游水位20.4 m，波浪爬高1.1 m，安全超高0.5 m。

事件2：项目法人质量安全检查中发现施工现场存在以下问题：

(1)下游防冲槽基坑内有一眼降水管井过滤层破坏。

(2)施工临时用电未按规定设置安全接地保护装置。

(3)上游黏土围堰未进行安全监测、监控。

(4)项目部安全管理制度不健全。

事件3：翼墙混凝土浇筑过程中，因固定模板的对拉螺杆断裂造成模板"炸模"倾倒，施工单位及时清理后重新施工，事故造成直接经济损失22万元，延误工期14天。事故调查分析处理程序如图3所示，图中"原因分析""事故调查""制定处理方案"三个工作环节未标注。

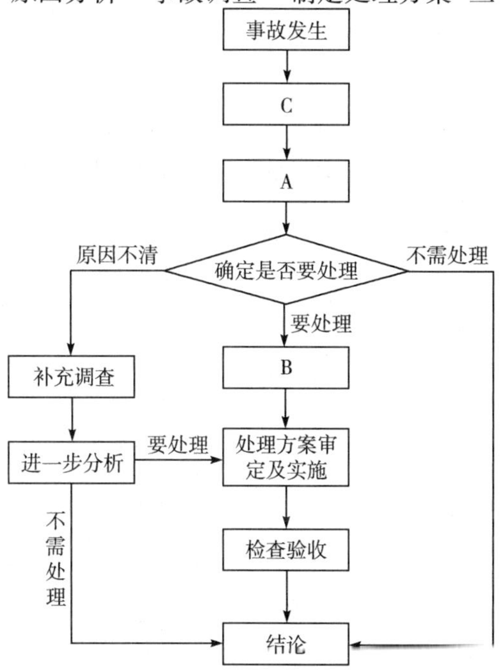

图3 事故调查分析处理程序

问题：

1. 根据《水利水电工程等级划分及洪水标准》，确定该水闸工程主要建筑物及上游围堰的建筑物级别，确定事件1中上游围堰的堰顶高程。

2. 简述闸基混凝土防渗墙质量检查的主要内容。

3. 根据《水利水电工程施工安全管理导则》，本工程需要编制专项施工方案的危险性较大的单项工程有哪些？其中需要组织专家进行审查论证的单项工程有哪些？

4. 根据《水利工程生产安全重大事故隐患判定标准(试行)》，事件2检查发现的安全问题中，可直接判定为重大事故隐患的有哪些？重大事故隐患除直接判定法外还有哪种方法？

5. 根据《水利工程质量事故处理暂行规定》，判定事件3发生的质量事故类别，指出图3中A，B，C分别代表的工作环节内容。

【案例三】

背景

某小型水库除险加固工程的主要建设内容包括：土坝坝体加高培厚、新建坝体防渗系统、左岸和右岸输水涵进口拆除重建。依据《水利水电工程标准施工招标文件》编制招标文件。发包人与承包人签订施工合同约定：

(1)合同工期为210天，在一个非汛期完成。

(2)签订合同价为680万元。

(3)工程预付款为签约合同价的10%，开工前一次性支付，按 $R=\frac{A}{(F_2-F_1)S}(C-F_1S)$（其中 $F_2=80\%$，$F_1=20\%$）扣回。

(4)提交履约保证金，不扣留质量保证金。当地汛期为6～9月份，左岸和右岸输水涵在非汛期互为导流；土石方填筑按均衡施工安排，当其完成工作量达到70%时开始实施土坝护坡；防渗系统应在2021年4月10日(含)前完成，混凝土防渗墙和坝基帷幕灌浆可搭接施工，承包人编制的施工进度计划如表1所示(每月按30天计)。

表1 水库除险加固工程施工进度计划

项次	工程项目		持续时间/天	开始时间	2020年		2021年				
					11	12	1	2	3	4	5
1	土坝	坝坡清理	45	2020年11月1日							
2		土方填筑	100	2020年11月21日							
3		护坡	60								
4	防渗系统	混凝土防渗墙	110	2020年12月1日							
5		坝基帷幕灌浆	90								
6	左岸输水涵	围堰填筑	10	2020年11月1日							
7		围堰拆除	10								
8		进口拆除	20	2020年11月21日							
9		进口施工	40	2020年12月1日							
10	右岸输水涵	围堰填筑	10	2021年1月21日							
11		围堰拆除	10	2021年4月1日							
12		进口拆除	20	2021年2月1日							
13		进口施工	40								
14	收尾工作		30	2021年4月11日							

工程施工过程中发生如下事件：

事件1：工程实施到第3个月时，本工程的项目经理调动到企业任另职，此时承包人向监理人提交了更换项目经理的申请。拟新任本工程项目经理人选当时正在某河湖整治工程任项目经理，因建设资金未落实导致该河道整治工程施工暂停已有135天，河道整治工程的建设单位同意项目经理调走。

事件 2:由于发包人未按期提供图纸,导致混凝土防渗墙推迟 10 天开始,承包人按监理人的指示采取赶工措施保证周期按期完成,截至 2021 年 2 月份,累计已完成合同额 442 万元;3 月份完成合同额 87 万元,混凝土防渗墙的赶工费用为 5 万元,且无工程变更及根据合同应增加或减少金额。承包人按合同约定向监理人提交了 2021 年 3 月份的进度付款申请单及相应的支持性证明文件。

问题:

1. 根据背景资料,分别指出表 1 中土坝护坡的开始时间、坝基帷幕灌浆的最迟开始时间、左岸输水涵围堰拆除的结束时间以及右岸输水涵进口施工的开始时间。

2. 指出并改正事件 1 中承包人更换项目经理做法的不妥之处。

3. 根据《注册建造师执业管理办法(试行)》,事件 1 中拟新任本工程项目经理的人选是否违反建造师执业的相关规定?说明理由。

4. 计算事件 2 中 2021 年 3 月份的工程预付款的扣回金额,除没有产生费用的内容外,承包人提交的 2021 年 3 月份进度付款申请单内容还有哪些?相应的金额分别为多少万元?(计算结果保留小数点后 1 位)

【案例四】

背景

某中型水闸土建工程,依据《水利水电工程标准施工招标文件》编制招标文件。施工单位甲中标并与发包人签订了施工合同。招投标及合同执行过程中发生如下事件:

事件 1:招标文件要求项目经理应具备的资格条件包括:具有二级及以上水利水电工程注册建造师证书,在“信用中国”及各有关部门网站中经查询没有因行贿、严重违法失信被限制投标或从业等惩戒行为。

事件 2:招标文件在省公共资源交易中心平台发布后,潜在投标人乙对招标文件有异议,并在规定时限内提出异议函。

异议函内容如下:

×××省公共资源交易中心:

我方在收到招标文件后,对以下两项内容提出异议:

(1)招标文件中关于工期描述前后不一致。投标人须知前附表中为 10 个月,而在技术条款中为 12 个月,请予以澄清。

(2)招标文件评分标准中对投标人信用等级为 AAA(信用很好)的加 3 分,此项规定不合理。水利市场主体信用等级不应作为评标要素纳入评标办法。应取消该加分项。

投标人:×××集团公司

2020 年 8 月 8 日

事件 3:招标人在收到评标报告的第二天公示中标候选人,投标人丙对评标结果有异议,并及时向招标人提出。

事件 4:合同工程完工后,施工单位甲在合同工程完工证书颁发后 28 天内,向监理人提交了包括应支付的完工付款金额在内的完工付款申请单。

问题:

1. 除事件 1 所述内容外,项目经理资格条件还应包括哪些?

2. 指出事件 2 中异议函的不妥之处,并说明理由。根据《水利部关于印发水利建设市场主体信用评价管理办法的通知》,水利建设市场主体信用等级除了 AAA(信用很好)外,还包括哪些?

3. 事件 3 中,投标人对评标结果有异议,应当在何时提出?招标人在收到异议后,应如何处理?如对招标人的处理结果不满意,投标人应如何处理?

4. 事件 4 中,完工付款申请单中除应支付的完工付款金额外,还应包括哪些内容?

参考答案及解析

一、单项选择题

1. D 【解析】土的工程分类根据开挖方法的不同可分为四类,分别是:Ⅰ类、Ⅱ类、Ⅲ类、Ⅳ类。其中,Ⅳ类土包括坚硬黏土;砾质黏土;含卵石黏土。

2. D 【解析】根据《水电建设工程质量管理暂行办法》,单元工程的检查验收,施工单位应按“三级检查制度”(班组初检、作业队复检、项目部终检)的原则进行自检,在自检合格的基础上,由监理单位进行终检验收。经监理单位同意,施工单位的自检工作分级层次可以适当简化。【此知识点已删去】

3. D 【解析】均质坝是指坝体断面不分防渗体和坝壳,绝大部分由一种土料组成的坝。均质坝的整个坝体(除排水设施外)采用渗透性较小的土料,其坝体本身就是防渗体。

4. B 【解析】根据《水利建设项目稽察办法》,稽察组应于现场稽察结束 5 个工作日内,提交由稽察特派员签署的稽察报告。稽察报告应事实清楚、依据充分、定性准确、文字精炼。【此知识点已删去】

5. C 【解析】根据《水利水电工程合理使用年限及耐久性设计规范》,合理使用年限为 50 年的水工结构钢筋的混凝土保护层厚度不应小于下表所列值。合理使用年限为 20 年、30 年时,其保护层厚度应比下表所列值适当降低;合理使用年限为 100 年时,其保护层厚度应比下表所列值适当增加;合理使用年限为 150 年时,其保护层厚度应专门研究确定。

混凝土保护层最小厚度 单位:mm

项次	构件类别	环境类别				
		一	二	三	四	五
1	板、墙	20	25	30	45	50
2	梁、柱、墩	30	35	45	55	60
3	截面厚度不小于 2.5 m 的底板及墩墙	—	40	50	60	65

注:a. 直接与地基接触的结构底层钢筋或无检修条件的结构,保护层厚度应适当增大。
b. 有抗冲耐磨要求的结构面层钢筋,保护层厚度应适当增大。
c. 混凝土强度等级不低于 C30 且浇筑质量有保证的预制构件或薄板,保护层厚度可按表中数值减小 5 mm。
d. 钢筋表面涂塑或结构外表面敷设永久性涂料或面层时,保护层厚度可适当减小。
e. 严寒和寒冷地区受冰冻的部位,保护层厚度还应符合相关规范的规定。

6. C 【解析】根据《水利工程设计变更管理暂行办法》,重大设计变更是指工程建设过程中,对初步设计批复的有关建设任务和内容进行调整,导致工程任务、规模、工程等级及设计标准发生变化,工程总体布置方案、主要建筑物布置及结构型式、重要机电与金属结构设备、施工组织设计方案等发生重大变化,对工程质量、安全、工期、投资、效益、环境和运行管理等产生重大影响的设计变更。其中,机电及金属结构中的电气工程的重大设计变更主要包括:(1)出线电压等级在 110 kV 及以上的电站接入电力系统接入点、主接线型式、进出线回路数以及高压配电装置型式变化。(2)110 kV 及以上电压等级的泵站供电电压、主接线型式、进出线回路数、高压配电装置型式变化。(3)大型泵站高压主电动机型式、起动方式的变化。

7. C 【解析】细度模数是表征天然砂粒径的粗细程度及类别的指标。砂的粗细程度按细度模数分为粗、中、细、特细四级,其范围应符合下列规定:粗砂,3.1 ~ 3.7;中砂,2.3 ~ 3.0;细砂,1.6 ~ 2.2;特细砂,0.7 ~ 1.5。

8. B 【解析】混凝土拌合应严格遵守试验部门签发的混凝土配料单,不得擅自更改。其称量的允许偏差见下表。

混凝土组成材料称量的允许偏差

材料名称	允许偏差/%
水泥、掺合料、水、冰、外加剂溶液	±1
骨料(集料)	±2

9. B 【解析】根据《水利水电工程施工通用安全技术规程》,遇有 6 级及以上的大风,严禁从事高处作业。进行 3 级、特级、悬空高处作业时,应事先制定专项安全技术措施。施工前,应向所有施工人员进行技术交底。

10. A 【解析】根据《水利工程建设项目档案管理规定》,参建单位应在所承担项目合同验收后 3 个月内向项目法人办理档案移交,并配合项目法人完成项目档案专项验收相关工作;项目法人应在水利工程建设项目竣工验收后半年内向运行管理单位及其他有关单位办理档案移交。

11. C 【解析】其他直接费包括冬雨季施工增加费、夜间施工增加费、特殊地区施工增加费、临时设施费、安全生产措施费及其他费用。其中,临时设施费是指施工企业为进行建筑安装工程施工所必需的但又未被划入施工临时工程的临时建筑物、构筑物和各种临时设施的建设、维修、拆除、摊销等费用。如:供风、供水(支线)、供电(场内)、照明、供热系统及通信支线,土石料场,简易砂石料加工系统,小型混凝土拌合浇筑系统,木工、钢筋、机修等辅助加工厂,混凝土预制构件厂,场内施工排水,场地平整、道路养护及其他小型临时设施等。

12. B 【解析】根据《水利基本建设项目竣工决算审计规程》,项目法人和相关单位应在收到审计结论 60 个工作日内执行完毕,并向水利审计部门报送审计整改报告;确需延长审计结论整改执行期的,应报水利审计部门同意。

13. A 【解析】工程竣工时应编制竣工图,竣工图一般由施工单位负责编制。按施工图施工没有变更的,由竣工图编制单位在施工图上逐张加盖并签署竣工图章。

14. C 【解析】根据《水利标准化工作管理办法》,水利技术标准包括国家标准、行业标准、地方标准、团体标准和企业标准。国家标准分为强制性标准和推荐性标准。法律、法规和国务院决定规定的工程建设、环境保护等领域,可以制定强制性行业标准和地方标准。水利行业标准分为强制性标准和推荐性标准。

15. B 【解析】松弛张裂是指在边坡形成的初始阶段,往往在坡体中出现一系列与坡面近于平行的陡倾张开裂隙,使边坡岩体向临空方向张开,且无明显相对位移。选项A属于蠕动变形的破坏现象;选项C属于滑坡的破坏现象;选项D属于崩塌的破坏现象。

16. C 【解析】土工模袋是指由双层的有纺土工织物缝制的带有格状空腔的袋状结构材料;充填混凝土或水泥砂浆等凝结后形成防护板块体。其常用于充填混凝土。

17. C 【解析】混凝土裂缝可以在低温季节修补、在地下水位较低时修补、在低水头下修补。选项A适用于受气温影响的裂缝的修补;选项B、D适用于一般裂缝的修补。外粘钢板主要用于混凝土结构失稳时的加固处理。

18. C 【解析】堆石料、过渡料采用挖坑灌水(砂)法测密度,试坑直径不小于坝料最大粒径的2~3倍,最大不超过2.0 m,试坑深度为碾压层厚。

19. A 【解析】根据《水利建设工程质量监督工作清单》,质量监督工作主要包括:(1)受理质量监督申请。(2)制订质量监督工作计划。(3)确认工程项目划分。(4)确认或核备质量评定标准。(5)开展质量监督检查。(6)核备工程质量结论。(7)质量问题处理。(8)编写工程质量评价意见或质量监督报告。(9)列席项目法人组织的验收。(10)参加项目主管部门主持或委托有关部门主持的验收。(11)建立质量监督档案。(12)受理质量举报投诉。

20. B 【解析】根据《水利水电工程施工组织设计规范》,土石围堰边坡稳定安全系数应满足下表规定。☆【此知识点已删去】

土石围堰边坡稳定安全系数

围堰级别	计算方法	
	瑞典圆弧法	简化毕肖普法
3级	≥1.20	≥1.30
4级、5级	≥1.05	≥1.15

二、多项选择题

21. ABC 【解析】根据《水法》,国家制定全国水资源战略规划。开发、利用、节约、保护水资源和防治水害,应当按照流域、区域统一制定规划。规划分为流域规划和区域规划。流域规划包括流域综合规划和流域专业规划;区域规划包括区域综合规划和区域专业规划。故水资源规划按层次可分为全国战略规划、流域规划、区域规划。

22. CDE 【解析】水利水电工程注册建造师施工管理签章文件包括施工组织文件、进度管理文件、合同管理文件、质量管理文件、安全及环保管理文件、成本费用文件、验收管理文件等。选项A、B均属于进度管理文件。合同管理文件除了包括选项C、D、E外,还包括分包项目开工申请表、变更项目价格签认单、费用索赔签认单、报告单、回复单、整改通知单、施工分包报审表、索赔意向通知单、索赔通知单。

23. BC 【解析】双面水准尺的尺长一般为3 m,两根尺为一对。尺的双面均有刻划,正面为黑白相间,称为黑面尺(也称主尺);背面为红白相间,称为红面尺(也称辅尺)。两面的刻划均为1 cm,在分米处注有数字。两根尺的黑面尺尺底均从"0"开始。而红面尺尺底,一根从4 687 mm开始,另一根从4 787 mm开始。在视线高度不变的情况下,同一根水准尺的红面和黑面读数之差应等于常数4 687和4 787,这对常数称为尺常数,用K表示,以此来检验读数是否正确。

24. BDE 【解析】根据《水利部关于水利安全生产标准化达标动态管理的实施意见》,存在以下任何一种情形的,记20分:发现在评审过程中弄虚作假、申请材料不真实的;不接受检查的;迟报、漏报、谎报、瞒报生产安全事故的;发生较大及以上水利生产安全事故且负有责任的。选项A、C的情形应记15分。

25. ABC 【解析】对于发生漏洞险情的围堰,最有效且最常用的堵漏方法是在进口对漏洞进行塞堵。故选项D错误。反滤围井法是管涌的抢护方法。故选项E错误。【选项C知识点已变更】

26. ABCD 【解析】地基处理的方法除了包括选项A、B、C、D外,还包括灌浆法、灌注桩等。

27. ABD 【解析】根据《水工混凝土钢筋施工规范》,从每批钢筋中任选两根钢筋,每根取两个试件分别进行拉伸试验(包括屈服点、抗拉强度和伸长率)和冷弯试验。当有一项试验结果不符合要求时,则从同一批钢筋中另取双倍数量的试件重做各项试验。如仍有一个试件不合格,则该批钢筋为不合格。故选项C错误。用同牌号钢筋代换时,其直径变化范围不宜超过4 mm,代换后钢筋总截面面积与设计文件中规定的钢筋截面面积之比不得小于98%或大于103%。故选项E错误。

28. ABE 【解析】施工缝采用风砂枪打毛时,通常在浇筑后1~2天进行;采用高压水冲毛时,可根据外部温度情况在浇筑后5~20 h进行。故选项C错误。混凝土拌合楼加冰时宜采用片冰或冰屑,常态混凝土加冰率不宜超过总水量的70%,碾压混凝土加冰率不宜超过总水量的50%。加冰时可适当延长拌和时间。故选项D错误。

29. CDE 【解析】施工单位施工质量保证的考核要点除了质量保证体系的建立情况、施工现场管理情况、已完工程实体的质量情况外,还包括施工过程质量的控制情况。【此知识点已变更】

30. ABC 【解析】根据《水利建设工程文明工地创建管理办法》,获得文明工地的可作为水利建设市场主体信用评价、中国水利工程优质(大禹)奖和水利安全生产标准化评审的重要参考。☆

三、实务操作和案例分析题

案例(一)

1. 一期施工的建设项目:5.2 km新河道开挖、新河道堤防填筑。

二期施工的建设项目:废弃河道回填。

新河道进口土埂堰顶高程复核时所采用的相应水位有:支流设计洪水的静水位;波浪爬高;安全超高。

新河道出口土埂堰顶高程复核时所采用的相应水位有:主河道设计洪水的静水位;波浪爬高;安全超高。

开始截断(或回填)直流河道应具备的条件:新建河道已满足通水要求;新建堤防满足防洪标准。

2. 图2中堤防采用的防渗形式是斜墙式。

①代表堆石体;②代表反滤层;③代表黏土斜墙、铺盖;④代表现浇混凝土脚槽。

3. P代表混凝土浇筑系统所需小时生产能力;K_h代表时不均匀系数;Q_m代表高峰月混凝土浇筑强度。

拌合站所需的生产能力$P=1.5\times12\ 000/(25\times20)=36(m^3/h)$。

拌合站规模为小型。

4. 施工单位还可以采取的措施有:

(1)设置防雨措施。

(2)优化排水条件。

(3)翻晒含水量偏高的黏性土料。

【解析】

本案例第1问主要考查导截流的相关规定及堰顶高程的确定因素。施工导流是指在修筑水利水电工程时,为了使水工建筑物能保持在干地上施工,用围堰来维护基坑,并将水流引向预定的泄水建筑物泄向下游。施工截流是指在建造围堰的过程中,当河道被缩窄到一定程度后,所留缺口(龙口)的封堵工作。截流工作需在导流泄水建筑物完工之后,在合适的时间内将河流截断。因此,一期应先进行新建工程的施工,二期再对旧河道进行回填,即旧河道开始截断(或回填)时,新河道已经具备通水要求,新建堤防已满足防洪标准。堰顶高程的确定因素详见答案。

本案例第2问主要考查土石围堰的防渗结构形式。具体内容详见答案。

本案例第3问主要考查混凝土浇筑系统小时生产能力的计算及生产系统规模划分。根据《水利水电工程施工组织设计规范》,混凝土生产系统规模按生产能力可划分为特大型、大型、中型、小型,划分标准见下表。混凝土生产系统应满足质量、品种、出机口温度和浇筑强度要求,单位小时生产能力可按高峰月浇筑强度计算,月有效生产时间可按500 h计,小时不均匀系数按1.5取值,并按最大仓面入仓强度要求校核。混凝土浇筑系统所需小时生产能力$P=K_hQ_m/(MN)$。式中,K_h代表时不均匀系数;Q_m代表高峰月混凝土浇筑强度;M代表月工作日数;N代表日工作时数。因此,$P=K_hQ_m/(MN)=1.5\times12\ 000/(25\times20)=36(m^3/h)$。

混凝土生产系统规模划分标准

类型	设计生产能力/(m^3/h)
特大型	≥480
大型	<480 ≥180
中型	<180 ≥45
小型	<45

本案例第4问主要考查土方填筑质量控制。高含水量土料降低含水量的措施有:(1)土料天然含水量较高且具有翻晒条件时,可以采用翻晒法降低含水量。(2)检查排水系统是否通畅,顶部有无因沉陷而形成的坑洼,防雨设施是否可靠等。(3)当采用立面开采时,也可采用向阳面开采或掌子面轮换开采等方法降低含水量。

案例(二)

1. 水闸工程的主要建筑物级别为3级;上游围堰的建筑物级别为5级。

上游围堰的堰顶高程=20.4+1.1+0.5=22(m)。

2. (1)工序质量检查:造孔、终孔、清孔、接头处理、混凝土浇筑(包括钢筋笼、预埋件、观测仪器安装埋设)等。

(2)墙体质量检查:必要的墙体物理力学性能指标、墙段接缝和可能存在的缺陷。

3. 需要编制专项施工方案的危险性较大的单项工程有:土石方开挖工程、基坑降水工程、围堰工程、临时用电工程。

需要组织专家进行审查论证的单项工程有:土石方开挖工程、基坑降水工程。

4. 可直接判定为重大事故隐患的有:施工临时用电未按规定设置专用接地保护装置;上游黏土围堰未进行安全监测、监控。

重大事故隐患除直接判定法外还有综合判定法。

【此知识点已变更】

5. 事件3发生的质量事故类别为一般质量事故。

图3中,A代表原因分析;B代表制定处理方案;C代表事故调查。

【解析】

本案例第1问主要考查建筑物级别和围堰堰顶高程的确定。根据《水利水电工程等级划分及洪水标准》,工程规模分为大(1)型、大(2)型、中型、小(1)型、小(2)型五个级别,分别对应的工程等别是Ⅰ等、Ⅱ等、Ⅲ等、Ⅳ等、Ⅴ等。水库及水电站工程的永久性水工建筑物级别,应根据其所在工程的等别和永久性水工建筑物的重要性,按下表确定。

永久性水工建筑物级别

工程等别	主要建筑物	次要建筑物
Ⅰ	1	3
Ⅱ	2	3
Ⅲ	3	4
Ⅳ	4	5
Ⅴ	5	5

临时性水工建筑物洪水标准,应根据建筑物的结构类型和级别,按下表的规定综合分析确定。临时性水工建筑物失事后果严重时,应考虑发生超标准洪水时的应急措施。

临时性水工建筑物洪水标准

建筑物结构类型	临时性水工建筑物级别		
	3	4	5
土石结构/[重现期(年)]	20~50	10~20	5~10
混凝土、浆砌石结构/[重现期(年)]	10~20	5~10	3~5

上游围堰堰顶高程=下游水位高程+上下游水位差+波浪爬高+围堰的安全超高(过水围堰可不考虑);下游围堰堰顶高程=下游水位高程+波浪爬高+围堰的安全超高(过水围堰可不考虑)。根据题干,上游围堰的堰顶高程=20.4+1.1+0.5=22(m)。

本案例第2问主要考查防渗墙质量检查内容。根据《水利水电工程混凝土防渗墙施工技术规范》,防渗墙质量检查程序应包括工序质量检查和墙体质量检查。工序质量检查应包括造孔、终孔、清孔、接头处理、混凝土浇筑(包括钢筋笼、预埋件、观测仪器安装埋设)等检查。槽孔建造的终孔质量检查应包括下列内容:孔深、槽孔中心偏差、孔斜率、槽宽和孔形;基岩岩样与槽孔嵌入基岩深度;一期、二期槽孔间接头的套接厚度。槽孔的清孔质量检查应包括下列内容:接头孔刷洗质量;孔底淤积厚度;孔内泥浆性能(包括密度、黏度、含砂量)。混凝土浇筑质量检查应包括下列内容:导管布置;导管埋深;浇筑混凝土面的上升速度;钢筋笼、预埋件、观测仪器安装埋设;混凝土面高差。墙体质量检查应在成墙后 28 d 进行,检查内容为必要的墙体物理力学性能指标、墙段接缝和可能存在的缺陷。检查可采用钻孔取芯、注水试验或其他检测等方法,注水试验按照相关规定执行。检查孔的数量宜为每 15 ~ 20 个槽孔一个,位置应具有代表性。遇有特殊要求时,可酌情增加检测项目及检测频率,固化灰浆和自凝灰浆的质量检查可在合适龄期进行。

本案例第 3 问主要考查专项施工方案。根据《水利水电工程施工安全管理导则》,施工单位应在施工前,对达到一定规模的危险性较大的单项工程编制专项施工方案;对于超过一定规模的危险性较大的单项工程,施工单位应组织专家对专项施工方案进行审查论证。达到一定规模的危险性较大的单项工程,主要包括下列工程:(1)基坑工程、降水工程。开挖深度达到 3(含) ~5 m 或虽未超过 3 m 但地质条件和周边环境复杂的基坑(槽)支护、降水工程。(2)土方和石方开挖工程。开挖深度达到 3(含) ~5 m 的基坑(槽)的土方和石方开挖工程。(3)模板工程及支撑体系:①大模板等工具式模板工程。②混凝土模板支撑工程:搭设高度 5(含) ~8 m;搭设跨度 10(含) ~18 m;施工总荷载 10(含) ~15 kN/m^2;集中线荷载 15(含) ~20 kN/m;高度大于支撑水平投影宽度且相对独立无联系构件的混凝土模板支撑工程。③承重支撑体系:用于钢结构安装等满堂支撑体系。(4)起重吊装及起重机械安装拆卸工程:①采用非常规起重设备、方法,且单件起吊重量在 10(含) ~100 kN 的起重吊装工程。②采用起重机械进行安装的工程。③起重机械自身的安装、拆卸。(5)脚手架工程:①搭设高度 24(含) ~50 m 的落地式钢管脚手架工程。②附着式整体和分片提升降脚手架工程。③悬挑式脚手架工程。④吊篮脚手架工程。⑤自制卸料平台、移动操作平台工程。⑥新型及异型脚手架工程。(6)拆除、爆破工程。(7)围堰工程。(8)水上作业工程。(9)沉井工程。(10)临时用电工程。(11)其他危险性较大的工程。超过一定规模的危险性较大的单项工程,主要包括下列工程:(1)深基坑工程:①开挖深度超过 5 m(含)的基坑(槽)的土方开挖、支护、降水工程。②开挖深度虽未超过 5 m,但地质条件、周围环境和地下管线复杂,或影响毗邻建筑(构筑)物安全的基坑(槽)的土方开挖、支护、降水工程。(2)模板工程及支撑体系:①工具式模板工程:滑模、爬模、飞模工程。②混凝土模板支撑工程:搭设高度 8 m 及以上;搭设跨度 18 m 及以上;施工总荷载 15 kN/m^2 及以上;集中线荷载 20 kN/m 及以上。③承重支撑体系:用于钢结构安装等满堂支撑体系,承受单点集中荷载 700 kg 以上。(3)起重吊装及安装拆卸工程:①采用非常规起重设备、方法,且单件起吊重量在 100 kN 及以上的起重吊装工程。②起重量 300 kN 及以上的起重设备安装工程;高度 200 m 及以上内爬起重设备的拆除工程。(4)脚手架工程:①搭设高度 50 m 及以上落地式钢管脚手架工程。②提升高度 150 m 及以上附着式整体和分片提升脚手架工程。③架体高度 20 m 及以上悬挑式脚手架工程。(5)拆除、爆破工程:①采用爆破拆除的工程。②可能影响行人、交通、电力设施、通信设施或其他建筑物、构筑物安全的拆除工程。③文物保护建筑、优秀历史建筑或历史文化风貌区控制范围的拆除工程。(6)其他:①开挖深度超过 16 m 的人工挖孔桩工程。②地下暗挖工程、顶管工程、水下作业工程。③采用新技术、新工艺、新材料、新设备及尚无相关技术标准的危险性较大的单项工程。

本案例第 4 问主要考查重大事故隐患的判定。根据《水利工程生产安全重大事故隐患判定标准(试行)》,水利工程生产安全重大事故隐患判定分为直接判定法和综合判定法,应先采用直接判定法,不能用直接判定法的,采用综合判定法判定。水利工程建设项目生产安全重大事故隐患直接判定清单中的类别包括基础管理、临时工程、专项工程和其他。事件 2 中,施工临时用电未按规定设置安全接地保护装置属于专项工程中的隐患内容,即电气设施、线路和外电未按规范要求采取防护措施。上游黏土围堰未进行安全监测、监控属于临时工程中的隐患内容,即未对围堰工程开展监测监控,工况发生变化时未及时采取措施。

本案例第 5 问主要考查水利工程质量事故的分类标准和事故处理程序。根据《水利工程质量事故处理暂行规定》,水利工程质量事故分类标准见下表。

水利工程质量事故分类标准

损失情况 \ 事故类别		特大质量事故	重大质量事故	较大质量事故	一般质量事故
事故处理所需的物质、器材和设备、人工等直接损失费用/人民币万元	大体积混凝土,金结制作和机电安装工程	>3 000	>500,≤3 000	>100,≤500	>20,≤100
	土石方工程,混凝土薄壁工程	>1 000	>100,≤1 000	>30,≤100	>10,≤30
事故处理所需合理工期/月		>6	>3,≤6	>1,≤3	≤1
事故处理后对工程功能和寿命影响		影响工程正常使用,需限制条件运行	不影响正常使用,但对工程寿命有较大影响	不影响正常使用,但对工程寿命有一定影响	不影响正常使用和工程寿命

注:a. 直接经济损失费用为必需条件,其余两项主要适用于大中型工程。

b. 小于一般质量事故的质量问题称为质量缺陷。

案例(三)

1. 土坝护坡的开始时间是:2021 年 2 月 1 日。

坝基帷幕灌浆的最迟开始时间是:2021 年 1 月 11 日。

左岸输水涵围堰拆除的结束时间是:2021 年 1 月 20 日。

右岸输水涵进口施工的开始时间是:2021 年 2 月 21 日。

2. 不妥之处:本工程的项目经理调动到企业任另职,此时承包人向监理人提交了更换项目经理的申请。

改正:承包人更换项目经理应事先征得发包人同意,并应在更换 14 天前通知发包人和监理人。

3. 不违反建造师执业的相关规定。

理由:由于该项目经理担任的河道整治工程已经暂停施工 135 天(超过 120 天),且已征得建设单位同意,因此拟新任本工程项目经理的人选不违反建造师执业的相关规定。

4. (1)工程预付款总金额 $A = 680 \times 10\% = 68.0$(万元)。

第 2 个月预付款扣回金额 $R_2 = 68.0 \times (442 - 20\% \times 680)/[(80\% - 20\%) \times 680] = 51.0$(万元)。

第 3 个月预付款扣回金额 $R_3 = 68.0 \times (442 + 87 + 5 - 20\% \times 680)/[(80\% - 20\%) \times 680] = 66.3$(万元)。

由于 66.3 万元 < 68.0 万元,因此 3 月份的工程预付款扣回金额为:66.3 − 51.0 = 15.3(万元)。

(2)进度付款申请单的内容还有:截至本次付款周期末已经实施工程的价款、索赔金额。

截至本次付款周期末已经实施工程的价款为 87.0 万元;索赔金额为 5.0 万元。

【解析】

本案例第 1 问主要考查工期时间的计算。根据题干,土石方填筑完成 70% 后开始土坝护坡,即 100 × 70% = 70(天)。也就是说,土坝护坡在土石方填筑 70 天的时候开始。经计算,为 2021 年 2 月 1 日。防渗系统应在 2021 年 4 月 10 日(含)前完成,坝基帷幕灌浆的持续时间是 90 天,即最迟开始时间是 2021 年 1 月 11 日。围堰应在左岸输水涵进口施工全部完成后再进行拆除,进口施工完成日期为 2021 年 1 月 10 号,即左岸输水涵围堰拆除的结束时间是 2021 年 1 月 20 日。右岸输水涵进口施工的开始时间应在其拆除完成后进行,即 2021 年 2 月 21 日。

本案例第 2 问主要考查更换项目经理的要求。根据《水利水电工程标准施工招标文件》,承包人更换项目经理应事先征得发包人同意,并应在更换 14 天前通知发包人和监理人。

本案例第 3 问主要考查注册建造师执业的规定。根据《注册建造师执业管理办法(试行)》,注册建造师不得同时担任两个及以上建设工程施工项目负责人。发生下列情形之一的除外:(1)同一工程相邻分段发包或分期施工的。(2)合同约定的工程验收合格的。(3)因非承包方原因致使工程项目停工超过 120 天(含),经建设单位同意的。

本案例第 4 问主要考查工程预付款扣回的计算及进度付款申请单的内容。进度付款申请单的内容主要包括:(1)截至本次付款周期末已实施工程的价款。(2)根据规定应增加和扣减的变更金额。(3)根据规定应增加和扣减的索赔金额。(4)根据规定应支付的预付款和扣减的返还预付款。(5)根据规定应扣减的质量保证金。(6)根据合同应增加和扣减的其他金额。根据题干,承包人提交的 2021 年 3 月份进度付款申清单内容有截至本次付款周期末已经实施工程的价款和索赔金额,分别是 87.0 万元和 5.0 万元。工程预付款扣回的计算详见答案。

案例(四)

1. 除事件 1 所述内容外,项目经理资格条件还应包括:

(1)不得有在建工程。

(2)有一定数量的类似工程业绩,且已通过合同工程完工验收。

(3)具备有效的 B 类安全生产考核合格证书。

2. 不妥之处一:×××省公共资源交易中心。

理由:投标异议函应递交给招标单位,而不是省公共资源交易中心平台。

不妥之处二:招标文件中关于工期描述前后不一致。投标人须知前附表中为 10 个月,而在技术条款中为 12 个月,请予以澄清。

理由:异议函中对于招标文件中的异议之处,应表达为"解释",一般不使用"澄清"。

除了 AAA(信用很好)外,还包括 AA(信用良好)、A(信用较好)、B(信用一般)、C(信用较差)。

3. 投标人对评标结果有异议,应在中标候选人公示期间提出。

招标人应当自收到异议之日起 3 日内作出答复;作出答复前,应当暂停招标投标活动。

如对招标人的处理结果不满意,投标人可针对评标提出投诉。

4. 完工付款申请单还应包括完工结算合同总价、发包人已支付承包人的工程价款、应扣留的质量保证金。

【解析】

本案例第 1 问主要考查项目经理资格条件。项目经理应由符合规定的注册建造师担任,且应满足以下条件:(1)有一定数量的类似工程业绩,且该部分工程已经通过完工验收。(2)不得有在建工程。(3)具备有效的 B 类安全生产考核合格证书。(4)在"信用中国"及各有关部门网站中经查询无规定的惩戒行为,如行贿、严重违法失信被限制投标或从业等行为。

本案例第 2 问主要考查投标异议函的编写要求及水利建设市场主体信用等级。投标异议函编写时,应将其提交至招标单位,且异议函中不得出现"澄清"表述,应使用"解释"。根据《水利建设市场主体信用评价管理办法》,水利建设市场主体信用等级分为 AAA,AA,A,B 和 C 三等五级,各信用等级对应的综合得分 X 分别为:AAA 级,90 分 ≤ X ≤ 100 分,信用很好;AA 级,80 分 ≤ X < 90 分,信用良好;A 级,70 分 ≤ X < 80 分,信用较好;B 级,60 分 ≤ X < 70 分,信用一般;C 级,X < 60 分,信用较差。

本案例第 3 问主要考查招投标的要求。根据《招标投标法实施条例》,依法必须进行招标的项目,招标人应当自收到评标报告之日起 3 日内公示中标候选人,公示期不得少于 3 日。投标人或者其他利害关系人对依法必须进行招标的项目的评标结果有异议的,应当在中标候选人公示期间提出。招标人应当自收到异议之日起 3 日内作出答复;作出答复前,应当暂停招标投标活动。

本案例第 4 问主要考查完工付款申请单的内容。根据《水利水电工程标准施工招标文件》,承包人应在合同工程完工证书颁发后 28 天内,按专用合同条款约定的份数向监理人提交完工付款申请单,并提供相关证明材料。完工付款申请单应包括下列内容:完工结算合同总价、发包人已支付承包人的工程价款、应扣留的质量保证金、应支付的完工付款金额。

准考证号 ________ 姓名 ________ 工作单位 ________

★★★★密 封 线 内 不 要 答 题★★★★

全国二级建造师执业资格考试

水利水电工程管理与实务

临考突破试卷(一)

题 号	一	二	三	总 分
分 数				

得 分	评卷人

一、单项选择题(共20题,每题1分。每题的备选项中,只有1个最符合题意)

1. 某水库总库容为500万m^3,其工程等别为 ( )
A. Ⅱ等 B. Ⅲ等
C. Ⅳ等 D. Ⅴ等

2. 碾压混凝土坝过流表面混凝土强度等级不应低于 ( )
A. C20 B. C25
C. C30 D. C35

3. 施工放样应遵循的原则是 ( )
A. 由局部到整体、先控制后碎部 B. 由整体到局部、先碎部后控制
C. 由局部到整体、先碎部后控制 D. 由整体到局部、先控制后碎部

4. 混凝土抗冻等级F100表示 ( )
A. 抗冻融循环100次 B. 抗压强度100 MPa
C. 抗渗等级100 D. 抗碳化100次

5. 关于钢筋的说法,正确的是 ( )
A. HRB代表热轧光圆钢筋
B. HRB400E中"E"代表高延性
C. HPB300中数字"300"表示钢筋抗拉强度特征值为300级
D. CRB600H中"C"代表冷轧

6. 一次拦断围堰法导流适用于( )的河流。
A. 河床宽、导流量大 B. 河道狭窄、枯水期流量不大
C. 河床覆盖层不厚 D. 通航和冰凌严重

7. 大面积管涌险情宜采用的抢护方法是 ( )
A. 盖堵法 B. 反滤层压盖法
C. 戗堤法 D. 反滤围井法

8. 水工隧洞中的灌浆顺序是 ( )
A. 固结灌浆→回填灌浆→接缝灌浆 B. 回填灌浆→固结灌浆→接缝灌浆
C. 回填灌浆→接缝灌浆→固结灌浆 D. 固结灌浆→接缝灌浆→回填灌浆

9. 浇筑基础约束区混凝土时,浇筑层厚宜为( )m。
A. 1.0~1.5 B. 1.5~2.0
C. 1.5~3.0 D. 2.0~3.0

10. 混凝土坝段分块时,错缝水平搭接长度宜为浇筑层厚度的 ( )
A. 1/4~1/3 B. 1/3~1/2
C. 1/2~2/3 D. 1/3~2/3

11. 启闭机型号为"QP - □×□ - □/□"表示 ( )
A. 卷扬式启闭机 B. 螺杆式启闭机
C. 液压式启闭机 D. 移动式启闭机

12. 关于水闸倾斜和闸墩水平位移监测正负的说法,正确的是 ( )
A. 向下游转动为负 B. 向左岸转动为负
C. 远离闸室中心为正 D. 向闸室中心为正

13. 交通干线道路两侧昼、夜间等效声级限值分别为( )dB(A)。
A. 55,45 B. 60,50
C. 65,55 D. 70,55

14. 关于模板荷载的说法,错误的是 ( )
A. 新浇筑混凝土的重量可按照24~25 kN/m^3计算
B. 风荷载属于特殊荷载
C. 振捣混凝土产生的荷载可按照5 kN/m^2计算
D. 新浇筑混凝土的侧压力与混凝土初凝前的浇筑速度、振捣方法等因素有关

15. 超过一定规模的危险性较大单项工程专项施工方案应由( )组织召开审查论证会。
A. 施工单位 B. 监理单位
C. 建设单位 D. 设计单位

16. 水利工程建设项目管理"三项"制度不包括 ( )
A. 项目法人责任制 B. 招标投标制
C. 建设监理制 D. 政府监督制

17. 根据《水利水电建设工程验收规程》,工程建设项目必须满足一定的运行条件后方可验收,一定的运行条件不包括 ( )
A. 泵站工程经过一个排水期 B. 泵站工程经过一个抽水期
C. 河道疏浚工程完成后 D. 其他工程经过3个月至6个月

18. 单位工程施工质量等级为合格,其外观质量得分率至少达到 ( )
A. 70% B. 75%
C. 80% D. 85%

19. 死亡人数5人,直接经济损失超过5 000万元的生产安全事故属于 ( )
A. 特别重大事故 B. 重大事故
C. 较大事故 D. 一般事故

20. 根据水利水电工程施工安全用电要求,在特别潮湿的场所内工作的照明电源电压最大为( )V。
A. 12 B. 24
C. 36 D. 38

得　分	评卷人

二、多项选择题(共 10 题,每题 2 分。每题的备选项中,有 2 个或 2 个以上符合题意,至少有 1 个错项。错选,本题不得分;少选,所选的每个选项得 0.5 分)

21. 下列排水形式中,属于土石坝坝体排水的有　　(　　)
A. 棱体排水　　B. 箱式排水
C. 贴坡排水　　D. 管式排水
E. 综合式排水

22. 临时性水工建筑物的级别应根据(　　)确定。
A. 保护对象　　B. 失事后果
C. 使用年限　　D. 临时性挡水建筑物规模
E. 作用

23. 可以改善混凝土耐久性的外加剂有　　(　　)
A. 防水剂　　B. 缓凝剂
C. 引气剂　　D. 阻锈剂
E. 早强剂

24. 关于安全防护用具的说法,正确的有　　(　　)
A. 塑料安全帽的检查试验周期是每年一次
B. 塑料安全帽可抵抗 5 kg 的钢球从 5 m 高处垂直坠落的冲击力
C. 安全带新带使用半年后应进行抽样试验
D. 安全带检查内容包括有无霉朽和虫蛀现象
E. 安全网每次使用前应进行外表检查

25. 下列造成工期延误的原因中,属于发包人责任的有　　(　　)
A. 因质量缺陷返工　　B. 提供图纸延误
C. 遭遇山洪　　D. 增加合同工作内容
E. 未按合同约定及时支付预付款

26. 水利基本建设项目按其功能和作用分为　　(　　)
A. 经营性项目　　B. 准公益性项目
C. 社会性项目　　D. 经济性项目
E. 公益性项目

27. 质量事故处理的“四不放过”原则包括　　(　　)
A. 事故原因不查清楚不放过　　B. 经济损失未赔偿不放过
C. 补救和防范措施不落实不放过　　D. 主要事故责任者和职工未受到教育不放过
E. 责任人员未受到处理不放过

28. 下列费用中,属于企业管理费的有　　(　　)
A. 社会保险费　　B. 办公费
C. 工具用具使用费　　D. 差旅交通费
E. 人工费

29. 水利水电工程建设风险可分为　　(　　)
A. 人员伤亡风险　　B. 经济损失风险
C. 工期延误风险　　D. 社会影响风险
E. 投资决策风险

30. 下列湿地生态保护的措施中,正确的有　　(　　)
A. 轮牧　　B. 迁地保护
C. 施工活动控制　　D. 水源地保护
E. 控制生态流量

得　分	评卷人

三、实务操作和案例分析题(共 4 题,每题 20 分)

【案例一】

背景

某引水隧洞工程为平洞,采用钻爆法施工,由下游向上游开挖。钢筋混凝土衬砌采用移动模板浇筑,各工作名称和逻辑关系如表 1 所示,经监理人批准的施工进度计划如图 1 所示。

表 1　工作名称和逻辑关系

序号	工作名称	代号	持续时间/天	紧前工作
1	施工准备	A	10	—
2	下游临时道路扩建	B	20	A
3	上游临时道路扩建	C	90	A
4	下游洞口开挖	D	30	B
5	上游洞口开挖	E	30	C
6	隧洞开挖	F	380	D
7	钢筋加工	G	150	B
8	隧洞贯通	H	15	E,F
9	隧洞钢筋混凝土衬砌施工	I	270	G,H
10	尾工	J	10	I

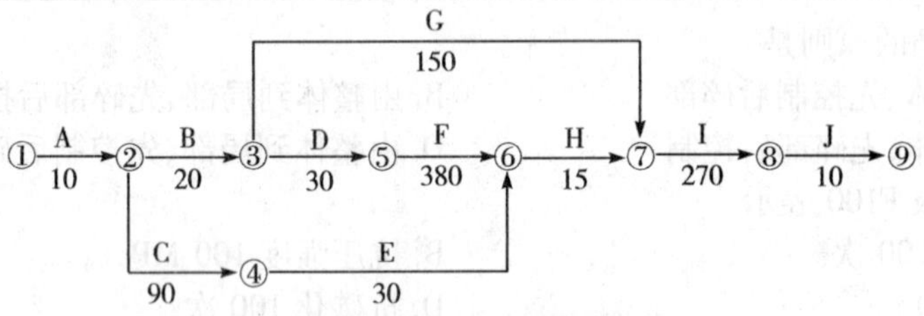

图 1　施工进度计划(时间单位:天)

事件 1: 工程按计划如期开工,工作 A 完成后,因受其他标段施工影响(非本工程承包人责任)工作 D 开始时间推迟,经发包人批准,监理人通知承包人工作 B,C 正常进行,工作 G 不受影响,工作 D 暂停,开始时间推迟 135 天。为了保证工程按期完成,发包人要求承包人调整进度计划。承包人提出上下游相向开挖的赶工方案,并制定了新的赶工进度计划如图 2 所示。其中 C1 表示原计划工作 C 的剩余工作,K 表示暂停施工。发包人和承包人依据赶工方案签订了补充协议,约定工期不变,相应增加赶工措施费 108 万元,如提前完工,奖励 1.5 万元/天;如推迟完工,逾期违约金 1.5 万元/天。

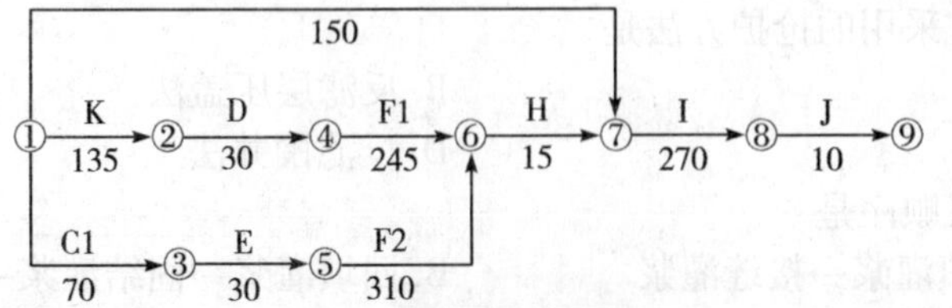

图 2　赶工进度计划

密 封 线 内 不 要 答 题

事件 2:上游开挖过程中,由于实际施工地质情况与地质报告差别过大,导致塌方,共处理塌方石方 500 m^3,耗时 10 天。承包人以地质不良为由,向发包人提出 55 000 元(500 m^3,110 元/m^3)的费用及工期索赔。

事件 3:当上下游距离小于 L1 时,爆破时对向开挖面的人员应撤离;当距离小于 L2 时,上游侧停止开挖,由下游侧单向贯通。

事件 4:对工期进行检查发现,工作 H 结束时间推迟 10 天,工作 I 实际持续工作时间为 254 天,工作 J 实际持续工作时间为 6 天。

问题:

1. 写出图 2 中 F1,F2 的工作名称,并指出关键线路。

2. 事件 2 中承包人的要求是否合理?说明理由。

3. 分别写出事件 3 中 L1,L2 代表数值。

4. 根据事件 4 中的检查结果,计算工程实际完成总工期,与合同工期相比提前或延迟时间;根据补充协议,计算发包人应向承包人支付的费用。

【案例二】

背景

某水利枢纽工程,建设内容包括面板堆石坝(面板堆石坝坝体分区施工示意图如图 3 所示)、泄洪闸、发电厂房等。其中泄洪闸为 3 孔,每孔净宽 8 m,闸底板顶面高程 32.0 m,闸墩顶高程 39.0 m,闸墩顶以上布置排架、启闭机房、交通桥等。

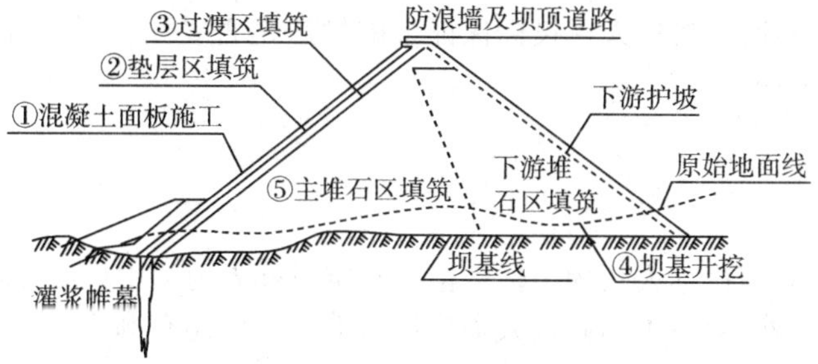

图 3　面板堆石坝坝体分区施工示意图

施工过程中发生如下事件:

事件 1:泄洪闸施工期间,施工单位在交通桥现浇混凝土梁板强度达到设计强度的 70%时,拆除了桥面板承重脚手架及模板,随即安排一辆起重机在交通桥上进行启动设备吊装作业,桥面发生垮塌,造成起重机、工程设备及 1 名操作人员直接从交通桥面坠落到闸底板,操作人员当场死亡,直接经济损失 1 100 万元。

事件 2:根据《水利部构建水利安全生产风险管控"六个机制"的实施意见》,施工单位深入推进安全风险分级管控和隐患排查治理双重预防机制建设,进一步提升水利安全生产风险管控能力,防范化解各类安全风险。

事件 3:混凝土面板某分部工程包含 65 个单元工程,其中关键部位单元工程 30 个,单元工程施工质量验收评定情况为:65 个单元工程全部合格,其中 46 个达到优良等级,关键部位单元工程有 28 个达到优良等级。

事件 4:发电厂房施工过程中,施工单位水轮机蜗壳层混凝土作业仓面施工人员持续工作了 8 h,监测机构根据《水利水电工程施工通用安全技术规程》中生产性噪声声级卫生限值规定,对该时间段的生产性噪声声级卫生值进行了检测,实测值噪声声级为 88 dB(A)。

问题:

1. 事件 1 中,桥面板的拆模时机是否正确?说明理由。

2. 事件 2 中,"六项机制"除了风险查找机制、风险研判机制外,还有哪些?

3. 根据背景资料列出面板堆石坝①~⑤各分区的先后施工顺序(可用序号表示)。

4. 计算事件 3 中所含单元工程质量的优良率,并判断该分部工程中单元工程优良率是否达到优良标准。

5. 根据事件 4,判断该施工单位生产活动是否符合《水利水电工程施工通用安全技术规程》规定,说明理由。

【案例三】

背景

某小型水库枢纽工程由均质土坝、溢洪道、左岸输水涵和右岸输水涵等建筑物组成,其平面布置示意图如图 4 所示。该水库工程进行除险加固的主要内容包括坝体混凝土防渗墙、坝基帷幕灌浆、坝体下游侧加高培厚、拆除重建左、右岸输水涵进口及出口等。混凝土防渗墙位于坝体中部,厚 60 cm;帷幕位于防渗墙底部。土坝横剖面示意图如图 5 所示。

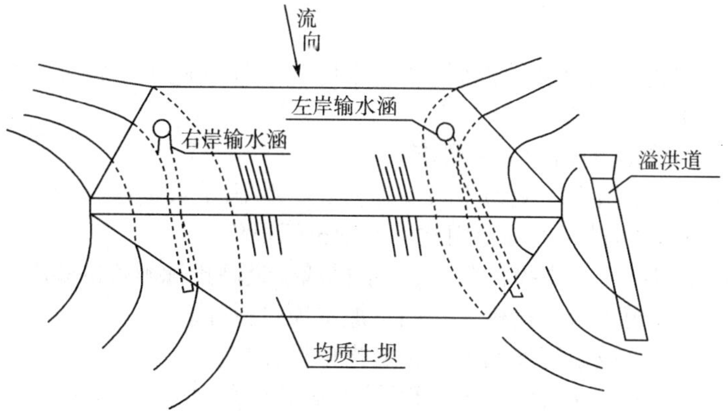

图 4　水库枢纽工程平面布置示意图

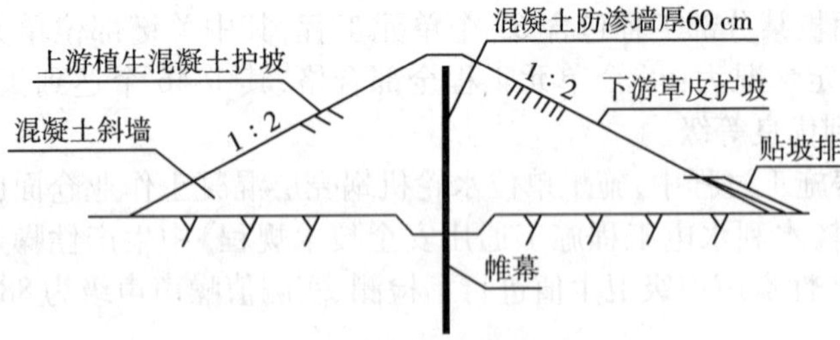

图5 土坝横剖面示意图

施工单位中标后,编制了施工组织设计,计划利用一个非汛期完成主体工程施工;绘制了包括混凝土拌和系统、主要加工厂、仓库、交通系统等各种临时设施在内的施工总平面布置图;研究制定了施工导流方案等。在研究施工导流方案时,经复核,左、右岸输水涵过流能力均能满足施工期导流的要求。

问题:

1. 本工程混凝土防渗墙成槽施工前,需做哪些准备工作?

2. 本工程帷幕灌浆压力控制需考虑哪些因素?其灌浆压力如何确定?帷幕灌浆主要控制参数除灌浆压力和深度外,还有哪些?

3. 根据背景资料,确定本工程合适的施工导流方案和需要设置的导流建筑物。

4. 根据背景资料,除各种临时设施外,施工总平面布置图中还应包括哪些主要内容?

【案例四】

背景

某水利枢纽工程施工招标文件根据《水利水电工程标准施工招标文件》编制。在招标及合同实施期间发生了以下事件。

事件1:代理公司编制的招标文件要求:

(1)投标人应在电子招投标交易平台注册登记。为满足数据接口统一的需要,投标人应购买并使用该平台配套的投标报价专用软件编制投标报价。

(2)投标报价不得高于最高投标限价,并不得低于最高投标限价的80%。

(3)投标人的子公司不得与投标人一同参加本项目投标。

(4)投标人可以现金或银行保函方式提交投标保证金。

(5)投标人获本工程所在省的省级工程奖项的,评标赋2分,否则不得分。

某投标人认为上述规定存在不合理之处,在规定时间以书面形式向行政监督部门投诉。

事件2:评标结束后,招标人未能在投标有效期内完成定标工作。招标人通知所有投标人延长投标有效期。投标人甲拒绝延长投标有效期。为此,招标人通知投标人甲,其投标保证金不予退还。

事件3:评标委员会依序推荐投标人乙、丙、丁为中标候选人并经招标人公示。在公示期间查实投标人乙存在影响中标结果的违法行为。招标人据此取消了投标人乙的中标候选人资格,并按照评标委员会提出的中标候选人排序确定投标人丙为中标人。

事件4:评标公示结束后,招标人与投标人丙(以下称施工单位丙)签订施工总承包合同。本合同相关合同文件如表2所示,各合同文件解释合同的优先次序序号分别为一至八。

表2 合同文件解释合同的优先次序

文件编号	文件名称	优先次序序号
1	协议书	一
2	图纸	
3	技术标准和要求	
4	中标通知书	
5	通用合同条款	
6	投标函及投标函附录	
7	专用合同条款	
8	已标价工程量清单	八

问题:

1. 指出事件1招标文件要求中的不合理之处,说明理由。投标人采取投诉这种方式是否妥当?说明理由。

2. 事件2中,招标人不退还投标人甲投标保证金的做法是否妥当?说明理由。投标保证金不予退还的情形有哪些?

3. 事件3中,招标人取消投标人乙的中标资格并确定投标人丙为中标人,应履行什么程序?除背景资料所述情形外,第一中标候选人资格被取消的情形还有哪些?

4. 事件4表2中,文件编号2~7分别对应的解释合同的优先次序序号是多少?

准考证号 ________ 姓名 ________ 工作单位 ________

★★★★ 密 封 线 内 不 要 答 题 ★★★★

全国二级建造师执业资格考试

水利水电工程管理与实务

临考突破试卷(二)

题号	一	二	三	总分
分数				

得分	评卷人

一、单项选择题(共20题,每题1分。每题的备选项中,只有1个最符合题意)

1. 当采用浆砌石、混凝土等形式护坡时,必须设置排水孔,排水孔的形式应设置成 ( )

A. 十字形　　B. 梅花形

C. 一字形　　D. 回字形

2. 根据《水利水电工程等级划分及洪水标准》,小(1)型水库的总库容是( )m^3。

A. $0.001\times10^8\sim0.01\times10^8$　　B. $0.01\times10^8\sim0.1\times10^8$

C. $0.1\times10^8\sim1\times10^8$　　D. $1\times10^8\sim10\times10^8$

3. 水库在正常运用情况下,允许降落的最低水位是 ( )

A. 正常蓄水位　　B. 防洪限制水位

C. 设计洪水位　　D. 死水位

4. 关于岩层产状的说法,错误的是 ( )

A. 倾向是指倾斜线所指的方向　　B. 倾角是指水平面与岩层面所夹锐角

C. 产状的类型包括水平、倾斜、直立　　D. 岩层产状的三要素为走向、倾向、倾角

5. 施工放样布设高程控制网时,首级网应布设成 ( )

A. 环形网　　B. 附合路线

C. 结点网　　D. 支导线

6. 砂的粗细程度用细度模数表示。其中,细度模数为2.0的砂称为 ( )

A. 粗砂　　B. 中砂

C. 细砂　　D. 特细砂

7. 对于强度较高的冷拉Ⅱ,Ⅲ,Ⅳ级钢筋,一般常用于 ( )

A. 负温度混凝土结构　　B. 受冲击作用混凝土结构

C. 预应力混凝土结构　　D. 重复荷载作用混凝土结构

8. 当管涌出现的数量较多但比较集中时,宜采用的抢护方法是 ( )

A. 盖堵法　　B. 反滤围井法

C. 反滤层压盖法　　D. 戗堤法

9. 按照土的工程分类,含有少量砾石的黏土属于( )类。

A. Ⅰ　　B. Ⅱ

C. Ⅲ　　D. Ⅳ

10. 固结灌浆施工的程序是 ( )

A. 钻孔→压水试验→灌浆(分序施工)→封孔→质量检查

B. 钻孔→灌浆(分序施工)→压水试验→封孔→质量检查

C. 钻孔→灌浆(分序施工)→压水试验→质量检查→封孔

D. 钻孔→压水试验→灌浆(分序施工)→质量检查→封孔

11. 根据《碾压式土石坝施工规范》,碾压式土石坝坝体压实质量的控制,以指标检测和( )相结合进行。

A. 颗粒级配　　B. 碾压强度

C. 压实参数　　D. 行走速率

12. 混凝土施工缝不宜采用的修补方法为 ( )

A. 钻孔灌浆　　B. 喷浆

C. 环氧砂浆贴橡皮　　D. 表面凿槽嵌补

13. 启闭机试验中,主要目的是检查起升机构、运行机构和制动器的工作性能的是 ( )

A. 空载试验　　B. 空运转试验

C. 静载试验　　D. 动载试验

14. 根据《水工建筑物滑动模板施工技术规范》,无轨滑模施工时,振捣器与模板的距离不应小于( )cm。

A. 5　　B. 10

C. 15　　D. 50

15. 项目法人或者建设单位应当自工程开工之日起( )个工作日内,将开工情况的书面报告报项目主管单位和上一级主管单位备案。

A. 10　　B. 15

C. 20　　D. 30

16. 根据《水利建设项目稽察工作指导书》,对现场稽察阶段工作负总责的是 ( )

A. 稽察机构　　B. 稽察组长

C. 稽察专家　　D. 专家组长

17. 下列选项中,属于企业管理费的是 ( )

A. 施工津贴　　B. 夜间施工增加费

C. 文明施工费　　D. 工具用具使用费

18. 对于水泥试验中的仲裁试验，试验用水需采用 ( )

A. 硬水　　B. 河水

C. 饮用水　　D. 蒸馏水

19. 关于施工场地安全标志与安全色的说法，错误的是 ( )

A. 指令标志的几何图形是方形，绿色背景，白色图形符号及文字

B. 警告标志的几何图形是黑色的三角形、黑色符号和黄色背景

C. 竖写的补充标志颜色均为白底黑字

D. 多个标志牌设置在一起时，应按警告、禁止、指令、提示类型的顺序从左到右、从上到下排列

20. 关于绿色施工中地表降水防护的说法，正确的是 ( )

A. 雨水可汇入沉淀池，以备再次利用

B. 生活区的排水系统应保持畅通，排水主干渠应硬化

C. 水泥和外加剂可露天存放

D. 为防止造成污染，可将含有汞元素的可溶性废弃物直接埋入地下

得　分	评卷人

二、多项选择题（共 10 题，每题 2 分。每题的备选项中，有 2 个或 2 个以上符合题意，至少有 1 个错项。错选，本题不得分；少选，所选的每个选项得 0.5 分）

21. 在重力坝坝内进行分缝的主要作用有 ( )

A. 适应混凝土的浇筑能力

B. 防止波浪淘刷导致坝体损坏

C. 防止由于温度变化导致坝体出现裂缝

D. 防止坝体渗流量过大导致坝体损坏

E. 防止由于地基不均匀沉降导致坝体出现裂缝

22. 下列水闸的组成部分中，属于水闸闸室的部分有 ( )

A. 铺盖　　B. 底板

C. 护坦　　D. 闸墩

E. 胸墙

23. 关于钢筋代换与加工的说法，错误的有 ( )

A. 重要结构中的钢筋代换，应征得业主的同意

B. 高一级钢筋代换低一级钢筋时，宜采用改变钢筋根数的方法减少钢筋截面积

C. 设计主筋采取同牌号的钢筋代换时，应保持间距不变

D. 钢筋宜采用乙炔焰烘烤取直

E. 直径等于 12 mm 卷成盘条的钢筋称为重筋

24. 水利工程建设项目后评价的主要内容包括 ( )

A. 合理性评价　　B. 目标和可持续性评价

C. 经济评价　　D. 社会影响及移民安置评价

E. 环境影响及水土保持评价

25. 根据《水利部关于推进水利基础设施政府和社会资本合作(PPP)模式发展的指导意见》，政府支持社会资本参与水利基础设施建设运营可采取的方式有 ( )

A. 直接投资　　B. 财政贴息

C. 先补后建　　D. 投资补助

E. 资本金注入

26. 编制水利工程施工总进度时，工程施工总工期包括 ( )

A. 工程筹建期　　B. 工程准备期

C. 主体工程施工期　　D. 工程完建期

E. 工程试运行期

27. 关于水利水电工程单元工程施工质量验收评定表填写的说法，错误的有 ( )

A. 验收评定表应采用国际标准 A4

B. 验收评定表中的检查记录必须采用黑色水笔手写

C. 验收评定表中的质量结论可以打印填写

D. 验收评定表中不得使用繁体字

E. 计算得出的合格率，小数点后保留 2 位

28. 根据《水利部关于水利安全生产标准化达标动态管理的实施意见》，下列情况中，给水利生产经营单位记 15 分的有 ( )

A. 发生 3 人以上重伤安全事故且负有责任的

B. 存在重大事故隐患的

C. 生产经营状况发生重大变化的

D. 存在非法违法生产经营建设行为的

E. 发生较大水利生产安全事故且负有责任的

29. 根据《防汛条例》，防汛工作的方针包括 ( )

A. 统筹兼顾　　B. 以防为主

C. 安全第一　　D. 常备不懈

E. 全力抢险

30. 下列水利水电工程注册建造师施工管理签章文件中，属于进度管理文件的有 ( )

A. 复工申请表　　B. 暂停施工申请表

C. 合同项目开工令　　D. 延长工期报审表

E. 合同项目开工申请表

得　分	评卷人

三、实务操作和案例分析题（共 4 题，每题 20 分）

【案例一】

背景

某堤防工程总长为 15.30 km，其中新建堤防 2 km，堤身高度 6.5 m，按 30 年一遇的防洪标准设计，主要建设内容有堤身清表、老堤加高培厚、新堤身土方填筑、填塘固基等。

密封线内不要答题

施工过程中发生如下事件：

事件1：工程开始前，施工单位对土料场进行了充分调查，选择具有代表性的黏性土进行碾压试验，并根据选定的碾压机械确定了含水量等土料填筑压实参数。

事件2：该工程采用天然建筑材料，为保证工程的施工进度及施工质量和安全，加强该工程的天然建筑材料地质巡视工作。

事件3：监理机构根据料场土质情况、本工程设计标准和相关规定，分别提出新堤身土方填筑、老堤加高培厚施工土料填筑压实度、压实度合格率控制标准。

事件4：项目法人申请竣工验收后，竣工验收主持单位组织了工程竣工验收会议。竣工验收委员会由竣工验收主持单位、有关地方人民政府和部门、有关水行政主管部门、质量和安全监督机构、项目法人、勘测、设计、监理、施工、主要设备制造商、运行管理等单位的代表以及有关专家组成。

问题：

1. 事件1中，除含水量外，土料填筑的压实参数还主要包括哪些？

2. 根据事件2，简述天然建筑材料地质巡视应包括的内容。

3. 根据事件3，分别指出新堤身土方填筑、老堤加高培厚施工土料填筑压实度、压实度合格率控制标准，并说明理由。

4. 指出事件4中的不妥之处，并说明理由。

【案例二】

背景

某中型水库施工工程，主坝为黏土心墙砂壳坝，心墙最小厚度为1.3 m，其除险加固的主要工程内容有：①上游坝面石渣料帮坡；②完善观测设施；③坝基、坝肩水泥帷幕灌浆；④新建坝顶混凝土防浪墙；⑤增设混凝土截渗墙；⑥下游坝面混凝土预制块护坡；⑦新建坝顶混凝土道路。

河床段坝基上部为厚8 m的松散～中密状态的中粗砂层，下部为弱风化岩石，裂隙发育中等；两侧坝肩均为强风化岩石地基，裂隙发育中等。混凝土截渗墙厚度为0.6 m，采用冲挖工艺成槽，截渗墙在强、弱风化岩石入岩深度分别为1.6 m和1.2 m，主坝侧面示意图如图1所示。

设计要求混凝土截渗墙应在上游坝面石渣料帮坡施工结束后才能开工，并在截渗墙施工过程中预埋帷幕灌浆管。

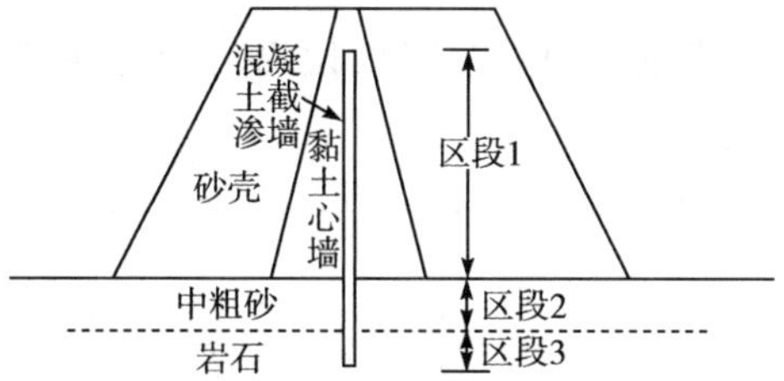

图1　主坝侧面示意图

本工程施工过程中发生如下事件：

事件1：工程开工前进行了项目划分，该水库主坝除险加固工程划分为1个单位工程、7个分部工程，其中混凝土截渗墙按工程量划分为2个分部工程。

事件2：2021年2月底，春灌在即，该水库下闸蓄水验收条件亦已具备，施工单位及时向项目法人提出了验收申请，项目法人主持了下闸蓄水验收。

事件3：2021年12月底，项目法人对该水库进行了单位工程投入使用验收，单位工程质量在施工单位自评合格后，由监理单位复核，并经该工程质量监督机构核定为优良。2022年12月底，本工程通过了竣工验收，竣工验收的质量结论意见为优良。

问题：

1. 根据事件1，除混凝土截渗墙外，该水库主坝还有哪些分部工程？

2. 请指出①、③、⑤、⑦四项工程内容之间合理的施工顺序。

3. 指出并改正事件2中的不妥之处。

4. 根据示意图中的混凝土截渗墙布置和各区段地质情况，指出截渗墙施工中质量较难控制的是哪一个区段，并简要说明理由。

5. 指出并改正事件3中的不妥之处。

【案例三】

背 景

施工单位承担水利枢纽工程施工，施工项目部编制了施工进度计划（单位：月），如图 2 所示，并报总监理工程师审核确认。

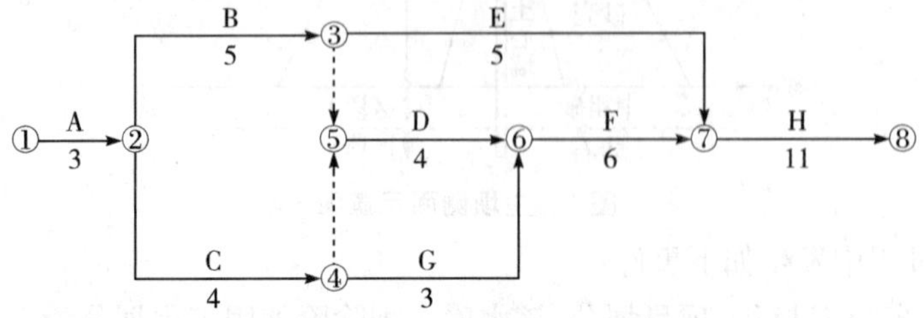

图 2　施工进度计划网络图（单位：月）

工程施工过程中发生如下事件：

事件 1：某批材料到场后，施工单位未经监理单位查验就存入仓库，使用时才发现材料规格有误，需要将材料退回后重新下单加工制作，由此造成 E 工作延期 2 个月。

事件 2：由于施工单位承接了其他水利工程项目，经综合考虑，决定把该工程项目经理调往其他项目，重新再委派一人担任此项目的项目经理。

事件 3：监理人对工程隐蔽部位质量存在疑问，要求施工单位对已覆盖的部位揭开重新检查。经检查，工程质量符合设计要求。

问题：

1. 指出该施工进度计划的关键线路，并计算其总工期。

2. 事件 1 中，E 工作延期 2 个月是否会造成工期延误？说明理由。

3. 根据《水利水电工程标准施工招标文件》，承包人更换项目经理的要求有哪些？监理机构是否有权要求承包人更换不负责任的项目经理？

4. 事件 3 中，增加的费用和工期延误应由谁承担？

【案例四】

背 景

某水库大坝工程合同价 3 000 万元，工期 2 年，招标人根据《水利水电工程标准施工招标文件》编制招标文件，已标价工程量清单由分类分项工程量清单、措施项目清单、其他项目清单、零星工作项目清单组成。经过投标、开标、评标等过程，最终甲单位中标。

招投标及评标过程中发生如下事件：

事件 1：招标文件发布后，招标人没有组织统一的现场踏勘，乙单位单独联系了招标人表示需要了解现场实地状况。因此，招标人带领乙单位对现场进行踏勘。在距离投标截止还有 10 天时，招标人对招标文件进行了澄清，随后开标按期举行。

事件 2：招标过程中，招标人对投标人的条件进行审查，发现丙单位提交的业绩证明资料不全面，要求丙单位重新补充相关资料。

事件 3：丙单位由于公司经营原因，在投标有效期内撤销了投标文件，并要求招标人退还投标保证金，招标人不予退还。

事件 4：丁单位在投标截止时间前提交了投标文件。评标过程中，丁单位发现工程量清单有算术性错误，之后以投标文件澄清方式主动提出修改。

问题：

1. 指出并改正事件 1 中的不妥之处。

2. 事件 2 中，丙单位应提交的业绩证明资料有哪些？

3. 事件 3 中，投标保证金不予退还的情形有哪些？

4. 事件 4 中丁单位的做法是否妥当？说明理由。

★ ★ ★ ★ 密 封 线 内 不 要 答 题 ★ ★ ★ ★

准考证号＿＿＿＿ 姓名＿＿＿＿ 工作单位＿＿＿＿

★★★★ 密 封 线 内 不 要 答 题 ★★★★

全国二级建造师执业资格考试

水利水电工程管理与实务

临考突破试卷(三)

题　号	一	二	三	总　分
分　数				

得　分	评卷人

一、单项选择题(共20题,每题1分。每题的备选项中,只有1个最符合题意)

1. 土石坝的防浪墙墙顶一般应高出坝顶(　　)m。

A. 0.8~1.0　　B. 1.0~1.2

C. 1.2~1.4　　D. 1.4~1.6

2. 水闸上游连接段的钢筋混凝土铺盖常用(　　)混凝土浇筑。

A. C20　　B. C25

C. C30　　D. C35

3. 江、河、湖泊水位上涨到河段内可能发生险情,防洪堤随时可能出险时的水位称为　(　　)

A. 危险水位　　B. 防汛水位

C. 警戒水位　　D. 保证水位

4. 环境类别为五类的水闸闸墩混凝土保护层最小厚度是(　　)mm。

A. 30　　B. 45

C. 55　　D. 60

5. 关于地质构造的说法,错误的是　(　　)

A. 节理是断裂构造的一种形式　　B. 正断层是指上盘上升,下盘下降的断层

C. 工程建设应避开断层带　　D. 岩层产状中,岩层的倾向与走向正交

6. 下列建筑材料中,属于结构材料的是　(　　)

A. 混凝土　　B. 防水砂浆

C. 天然石材　　D. 石膏

7. 龙口的宽度及其防护措施的确定,除了依据相应的流量外,还应根据的指标是　(　　)

A. 河床覆盖层厚度　　B. 龙口的抗冲流速

C. 龙口的附近场地的大小　　D. 备料量

8. 防渗墙质量检查包括工序质量检查和墙体质量检查。其中,墙体质量检查应在成墙后(　　)天进行。

A. 7　　B. 14

C. 28　　D. 32

9. 根据结构物的重要性,大体积混凝土块成型后的偏差不应超过木模安装允许偏差的(　　)

A. 20%~50%　　B. 30%~60%

C. 40%~80%　　D. 50%~100%

10. 混凝土在运输过程中发生不可避免的转运时,其自由跌落的高度不应大于(　　)m,否则应设置缓降器。

A. 2　　B. 3

C. 4　　D. 5

11. 螺杆式启闭机的空载试验,应在全行程内往返(　　)次,确保各零部件运行平稳、无异常。

A. 2　　B. 3

C. 4　　D. 5

12. 由于工程项目基本条件发生变化,引起工程规模、工程标准、设计方案、工程量的改变,初步设计概算静态总投资超过可行性研究报告估算静态投资15%以上(含15%)时,必须　(　　)

A. 降低静态总投资

B. 重新编制项目建议书

C. 重新编制可行性研究报告并按原程序报批

D. 对工程变化内容和增加投资提出专题分析报告

13. 水利PPP项目合作方式中,BOT合作模式是指　(　　)

A. 建设—拥有—运营　　B. 建设—运营—移交

C. 移交—运营—拥有　　D. 建设—拥有—移交

14. 根据《水利部办公厅关于调整水利工程计价依据增值税计算标准的通知》,计算增值税下的施工机械使用费时,工程部分的施工机械台时费定额的折旧费除以(　　)调整系数。

A. 1.05　　B. 1.09

C. 1.13　　D. 1.15

15. PVC止水带接头应采用(　　)连接。

A. 绑扎　　B. 硫化

C. 焊接　　D. 机械

16. 水闸工程土石方开挖时,施工放样轮廓点平面测量允许偏差不应超过(　　)mm。

A. ±10　　B. ±30

C. ±40　　D. ±50

17. 水利建设工程质量监督工作项目中,开展质量监督检查的项目不包括　(　　)

A. 质量问题处理

B. 质量监督检测

C. 复核质量责任主体资质

D. 检查质量责任主体的质量管理体系运行情况

18. 在电力变压器、高压配电装置等带电设备的爬梯处应设置的标志内容是（　　）

A. 禁止跨越　　B. 禁止攀登

C. 禁止烟火　　D. 当心触电

19. 根据《防洪法》，防洪工作的原则不包括（　　）

A. 预防为主　　B. 分区治理

C. 局部利益服从全局利益　　D. 全面规划

20. 质量管理小组竞赛活动结果中，一等成果数量不超过申报总数的（　　）

A. 5%　　B. 10%

C. 15%　　D. 20%

得　分	评卷人

二、多项选择题（共10题，每题2分。每题的备选项中，有2个或2个以上符合题意，至少有1个错项。错选，本题不得分；少选，所选的每个选项得0.5分）

21. 水闸上游连接段包括（　　）

A. 护坦　　B. 护坡

C. 护底　　D. 铺盖

E. 海漫

22. 水准测量误差中，属于观测误差的有（　　）

A. 整平误差　　B. 估读误差

C. 照准误差　　D. 对光误差

E. 水准尺误差

23. 在灌浆工艺中，帷幕灌浆的主要参数有（　　）

A. 灌浆孔排数　　B. 灌浆深度

C. 灌浆压力　　D. 灌浆厚度

E. 翻浆标准

24. 下列水轮机的类型中，属于冲击式水轮机的有（　　）

A. 轴流式水轮机　　B. 水斗式水轮机

C. 斜击式水轮机　　D. 双击式水轮机

E. 斜流式水轮机

25. 水利工程设计变更分为重大设计变更和一般设计变更。下列情形中，属于重大设计变更的有（　　）

A. 工程任务、规模、工程等级发生变化　　B. 大中型泵站水泵布置形式、台数变化

C. 堤防和河道治理工程的局部变化　　D. 工程防洪标准、除涝标准的变化

E. 出线电压等级在110 kV以下的电站接入电力系统接入点变化

26. 根据《水利工程责任单位责任人质量终身责任追究管理办法（试行）》，工程质量终身责任实行（　　）制度。

A. 竣工后永久性标识　　B. 竣工后临时性标识

C. 施工时永久性标识　　D. 书面承诺

E. 工程保修

27. 根据《水利水电工程施工质量检验与评定规程》，单位工程施工质量合格的标准有（　　）

A. 所含分部分项工程合格率达到90%

B. 质量事故已按要求进行处理

C. 工程外观质量得分率达到70%以上

D. 单位工程施工质量检验与评定资料基本齐全

E. 工程施工期及试运行期，单位工程观测资料分析结果符合规定的标准要求

28. 工程类项目竣工财务决算的组成部分包括（　　）

A. 竣工财务决算封面及目录　　B. 竣工财务决算说明书

C. 竣工财务决算报表　　D. 竣工工程的主体工程照片

E. 竣工造价对比分析

29. 下列验收项目中，属于水利工程专项验收的有（　　）

A. 环境保护验收　　B. 水土保持验收

C. 枢纽工程导（截）流验收　　D. 移民安置验收

E. 水库下闸蓄水验收

30. 关于监理机构平行检测和跟踪检测的说法，错误的有（　　）

A. 跟踪检测的混凝土试样应不少于承包人检测数量的10%

B. 跟踪检测的土方试样应不少于承包人检测数量的7%

C. 平行检测的混凝土试样应不少于承包人检测数量的3%

D. 平行检测的土方试样应不少于承包人检测数量的5%

E. 平行检测时，重要部位每种标号的混凝土最少取样2组

得　分	评卷人

三、实务操作和案例分析题（共4题，每题20分）

【案例一】

背景

某水利枢纽工程由混凝土重力坝、引水隧洞和电站厂房等建筑物组成，坝高300 m，总库容50×10^8 m^3，电站装机容量400 MW。施工导流采用全段围堰、隧洞导流的方式。

工程施工过程中发生如下事件：

事件1：根据合同要求，进场钢筋应具有出厂质量证明书或试验报告单，每捆钢筋均应挂上标牌，标牌上应标明厂标等内容。

事件2：施工单位采用化学灌浆的方法对大坝地基进行了加固。

事件3：出于安全考虑，建设单位临时修改了设计图纸，增加了施工单位工程量（合同工程量清单中无相关子目），项目参与各方对增加的工程量及时进行了变更估价。

事件4：施工单位对原材料和中间产品进行了检验，抽检一次结果为不合格。施工单位认定该批次原材料和中间产品不合格，不能使用。

★
★
★
★
密
封
线
内
不
要
答
题
★
★
★
★

问题：

1. 除厂标外，指出事件1中钢筋标牌上应标注的其他内容。

2. 简述施工单位采用化学灌浆加固地基的施工工序。

3. 简述事件3中变更估价应遵循的原则。

4. 事件4中，施工单位的做法是否合理？说明理由。

【案例二】

背景

某大型引调水工程主要内容包括水闸、泵站、渠道及管理设施等，其中泵站设计流量为150 m^3/s，渠道堤防级别为3级。

工程施工过程中发生如下事件：

事件1：为提高混凝土耐久性，施工单位严格控制施工质量，在混凝土施工过程中，对混凝土搅拌充分、浇筑均匀、振捣密实，同时加强养护。

事件2：施工过程中，监理单位根据《水利水电工程单元工程质量验收评定标准》和抽样测量结果复核工程质量，发现存在部分质量缺陷，随后对质量缺陷进行备案。

事件3：某分部工程完成后，进行了质量评定。此分部工程包含12个单元工程，其中有3个重要隐蔽单元工程以及关键部位单元工程，单元工程质量全部合格，其中9个达到优良等级（包含3个重要隐蔽单元工程以及关键部位单元工程），本工程未发生过质量事故。中间产品质量全部合格，混凝土（砂浆）试件质量达到优良，原材料质量、金属结构和启闭机制造质量合格，机电产品质量合格。

事件4：20个月后，合同范围内的工程项目已按合同约定完成，并按照规定进行了有关验收，观测仪器和设备已测得初始值和施工期间各项观测值。施工单位向项目法人提出合同工程完工验收申请报告。

事件5：在工程项目满足一定运行条件后，项目法人提出竣工验收申请报告。

问题：

1. 除事件1中施工单位所采用的措施外，提高混凝土耐久性还有哪些主要措施？

2. 事件2中质量缺陷备案的内容有哪些？质量缺陷备案表应由哪个单位组织填写？

3. 事件3中的分部工程质量是否可以评定为优良？说明理由。

4. 除事件4的内容外，合同工程完工验收应具备的条件还有哪些？

5. 简述事件5中项目法人提出竣工验收申请报告需要满足的一定运行条件。

【案例三】

背景

某堤防加固工程，建设单位与施工单位签订了施工承包合同，合同相关内容如下：

（1）工程于2021年9月1日开工，工期3个月。

（2）开工前，建设单位向施工单位支付的工程预付款按合同价的10%计，并按月在工程进度款中平均扣回。

（3）保留金按3%的比例在月工程进度款中预留。

(4)当实际完成工程量超过合同工程量的15%时,对超过15%以外部分进行调价,调价系数0.9。工程项目、合同工程量、单价及各月实际完成工程量如表1所示。

表1 工程项目、合同工程量、单价及各月实际完成工程量表

工程项目	合同工程量/万 m^3	单价/(元/m^3)	各月实际完成工程量/万 m^3		
			9月	10月	11月
堤防清基	1	4	1.1		
土方填筑	12	16	3	5	6
混凝土预制块护坡	0.5	380		0.2	0.3
碎石垫层	0.5	120		0.2	0.3

施工过程中发生如下事件:

事件1: 2021年9月8日,施工单位在进行某段堤防清基过程中发现白蚁,随即按程序进行了上报。经研究确定采用灌浆处理方案,增加施工费用10万元。由于施工单位无灌浆施工能力,于是自行确定了分包单位,但未与分包单位签订分包合同。

事件2: 2021年10月10日,因料场实际可开采深度小于设计开采深度,需开辟新的料场,增加费用1万元。

事件3: 2021年11月10日,护坡施工中,监理工程师检查发现碎石垫层厚度局部不足,造成返工,损失费用0.5万元。

问题:

1. 计算合同价和工程预付款。

2. 计算11月份的工程进度款、预留保留金和实际付款金额。

3. 事件1中,在确定处理方案时,除建设单位、监理单位、施工单位参加外,还应有哪些单位参加?改正施工单位在分包工作中的不妥之处。

4. 上述3个事件中,施工单位可以获得哪些费用补偿?

【案例四】

背景

某大型引调水工程施工投标最高限价5亿元,主要工程内容包括水闸、渠道及管理设施等,招标文件按照《水利水电工程标准施工招标文件》编制,建设管理过程中发生如下事件:

事件1: 招标文件的相关规定如下。

(1)招标单位分别设置了最低投标限价和最高投标限价。

(2)签订合同后7个工作日内,招标人向未中标的投标人退还投标保证金和利息。

事件2: 中标公示期间,第二中标候选人投诉第一中标候选人项目经理现已担任某在建项目的项目经理。经核查,该项目已经竣工验收,但在当地建设行政主管部门监管平台中暂未销号。

事件3: 合同双方义务条款中,部分内容包括:发出开工通知;组织设计交底;工程的维护和照管;保证工程施工和人员的安全;临时设施的管理;组织竣工验收。

事件4: 合同支付条款中规定,以银行保函的方式预留工程质量保证金的,预留总额为工程价款结算总额的5%。

问题:

1. 指出事件1中的不妥之处,并说明理由。

2. 事件2中,第二中标候选人的投诉程序是否妥当?说明理由。

3. 根据《水利水电工程标准施工招标文件》,事件3的合同双方义务条款中,属于承包人的义务有哪些?

4. 根据《建设工程质量保证金管理办法》,事件4中的质量保证金条款是否合理?说明理由。

参考答案及解析

临考突破试卷(一)

一、单项选择题

1. C 【解析】水利水电工程的等别与工程规模、水库总库容的对应关系如下表所示。

工程等别	工程规模	水库总库容/10^8 m^3
Ⅰ	大(1)型	≥10
Ⅱ	大(2)型	<10,≥1.0
Ⅲ	中型	<1.0,≥0.10
Ⅳ	小(1)型	<0.1,≥0.01
Ⅴ	小(2)型	<0.01,≥0.001

2. C 【解析】混凝土坝、碾压混凝土坝基础混凝土强度等级不应低于C15,过流表面混凝土强度等级不应低于C30。

3. D 【解析】施工放样应遵循由整体到局部、先控制后碎部的原则,由建筑物主轴线确定建筑物细部相对位置,测设细部的精度应比测设主轴线的精度高,各细部的测设精度要求不一样。

4. A 【解析】F100表示混凝土的抗冻性试验能承受100次的冻融循环后,其强度损失未超过25%,质量损失未超过5%。

5. D 【解析】HRB代表热轧带肋钢筋。故选项A错误。HRB400E中"E"代表地震。故选项B错误。HPB300中数字"300"表示钢筋屈服强度特征值为300级。故选项C错误。

6. B 【解析】施工导流可划分为一次拦断河床围堰导流方式和分期围堰导流方式。其中,一次拦断河床围堰导流适用于河道狭窄、枯水期流量不大的河流。

7. B 【解析】反滤层压盖法适用于大面积管涌群的抢险,用施工级配砂石料、土工织物、草席等大面积覆盖在管涌群出口处。其目的是为了减缓渗流流速,防止细砂等小颗粒被水流带走。

8. B 【解析】水工隧洞中的灌浆宜按照先回填灌浆、后固结灌浆、再接缝灌浆的顺序进行。

9. B 【解析】基础约束区的浇筑层厚度宜为1.5~2.0 m,有初期通水冷却的浇筑层厚度可适当加厚;基础约束区以上浇筑层厚度可采用1.5~3.0 m。浇筑层间歇期宜采用5~7天。

10. B 【解析】错缝水平搭接长度宜为浇筑层厚度的1/3~1/2,允许错缝搭接范围内水平施工缝有一定的变形,以减少两端的约束,且搭接部分的水平缝要求抹平。

11. A 【解析】启闭机是指实现闸门的开启和关闭、拦污栅的起吊与安放等专用的机械设备,包括螺杆式启闭机、固定卷扬式启闭机、移动式启闭机、液压式启闭机等。"QP-□×□-□/□"表示卷扬式启闭机。

12. D 【解析】变形监测的正负应按下列规定采用:(1)垂直位移。下沉为正,上升为负。(2)水平位移。向下游为正,向左岸为正,反之为负。(3)水闸闸墩水平位移。向闸室中心为正,反之为负。(4)倾斜。向下游转动为正,向左岸转动为正,反之为负。(5)接缝和裂缝开合度。张开为正,闭合为负。

13. D 【解析】交通干线道路两侧昼间等效声级限值为70 dB(A),夜间等效声级限值为55 dB(A)。

14. C 【解析】振捣混凝土产生的荷载属于基本荷载,可按照1 kN/m^2 计算。

15. A 【解析】专项施工方案是指施工单位在编制施工组织设计的基础上,针对危险性较大的单项工程编制的安全技术措施文件。超过一定规模的危险性较大的单项工程专项施工方案应由施工单位组织召开审查论证会。

16. D 【解析】水利工程建设项目管理"三项"制度为项目法人责任制、招标投标制、建设监理制。

17. D 【解析】竣工验收应在工程建设项目全部完成并满足一定运行条件后1年内进行。不能按期进行竣工验收的,经竣工验收主持单位同意,可适当延长期限,但最长不应超过6个月。一定运行条件是指:泵站工程经过一个排水或抽水期;河道疏浚工程完成后;其他工程经过6个月(经过一个汛期)至12个月。

18. A 【解析】单位工程质量等级为合格的标准:所含分部工程质量全部合格;质量事故已按要求进行处理;工程外观质量得分率至少应达70%;单位工程施工质量检验与评定资料基本齐全;工程施工期及试运行期,单位工程观测资料分析结果符合标准要求。

19. B 【解析】生产安全事故分为特别重大事故、重大事故、较大事故和一般事故四个等级。其中,死亡人数5人属于较大事故,直接经济损失超过5 000万元属于重大事故。事故按照最严重的等级确定。

20. A 【解析】根据《水利水电工程施工通用安全技术规程》,一般场所宜选用额定电压为220 V的照明器,对下列特殊场所应使用安全电压照明器:(1)地下工程,有高温、导电灰尘,且灯具距地面高度低于2.5 m等场所的照明,电源电压不应大于36 V。(2)在潮湿和易触及带电体场所的照明电源电压不应大于24 V。(3)在特别潮湿的场所、导电良好的地面、锅炉或金属容器内工作的照明电源电压不应大于12 V。

二、多项选择题

21. ACDE 【解析】土石坝坝体排水形式有棱体排水、贴坡排水、褥垫排水、管式排水和综合式排水等。

22. ABCD 【解析】水利水电工程施工期使用的临时性挡水、泄水等水工建筑物的级别,应根据保护对象、失事后果、使用年限和临时性挡水建筑物规模确定。

23. ACD 【解析】混凝土外加剂是混凝土中除胶凝材料、集料、水和纤维组分以外,在混凝土拌制之前或拌制过程中加入的,用以改善新拌混凝土和(或)硬化混凝土性能,对人、生物及环境安全无有害影响的材料。可以改善混凝土耐久性的外加剂有引气剂、防水剂和阻锈剂等。

24. ADE 【解析】塑料安全帽可抵抗3 kg的钢球从5 m高处垂直坠落的冲击力。故选项B错误。安全带新带使用1年后应进行抽样试验。故选项C错误。

25. BDE 【解析】由于发包人责任造成工期延误的有:(1)增加合同工作内容。(2)改变合同中任何一项工作的质量要求或其他特性。(3)发包人迟延提供材料、工程设备或变更交货地点的。(4)因发包人原因导致的暂停施工。(5)提供图纸延误。(6)未按合同约定及时支付预付款、进度款。(7)发包人造成工期延误的其他原因。

26. ABE 【解析】水利基本建设项目按其功能和作用分为公益性、准公益性、经营性三类。

27. ACDE 【解析】发生质量事故,必须坚持"事故原因不查清楚不放过、主要事故责任者和职工未受到教育不放过、补救和防范措施不落实不放过、责任人员未受到处理不放过"的原则,认真调查事故原因,研究处理措施,查明事故责任,做好事故处理工作。

28. BCD 【解析】企业管理费包含管理人员工资、差旅交通费、办公费、固定资产使用费、工具用具使用费、职工福利费、劳动保护费、工会经费、职工教育经费、保险费、财务费用、税金及其他等。社会保险费属于规费,人工费属于直接费。

29. ABCD 【解析】水利水电工程建设风险可依据风险事故损失性质,按下列分类:人员伤亡风险;经济损失风险;工期延误风险;环境影响风险;社会影响风险。

30. ADE 【解析】湿地生态保护,根据保护对象的影响程度,可采取水源地保护、控制生态流量、灌溉、围栏、轮牧等措施。

三、实务操作和案例分析题

案例(一)

1. (1)F1:下游隧洞开挖;F2:上游隧洞开挖。

(2)关键线路共有两条,分别是:①→②→④→⑥→⑦→⑧→⑨;①→③→⑤→⑥→⑦→⑧→⑨。

2. 合理。理由:开挖过程中,由于实际施工地质情况与地质报告差别过大,导致塌方,属于发包人的责任,因此承包人可向发包人进行工期和费用索赔。

3. L1代表30 m;L2代表15 m。

4. (1)工程实际完成总工期 = 10 + 20 + 70 + 30 + 310 + 15 + 10 + 254 + 6 = 725(天);合同工期 = 10 + 20 + 30 + 380 + 15 + 270 + 10 = 735(天);即与合同工期相比提前10天。

(2)发包人应向承包人支付的费用:108 + 1.5 × 10 = 123(万元)。

【解析】

本案例第1问主要考查施工进度计划中关键线路的确定。具体内容详见答案。

本案例第2问主要考查发包人暂停施工的责任。由于发包人原因引起的暂停施工造成工期延误的，承包人有权要求发包人延长工期和(或)增加费用，并支付合理利润。属于下列任何一种情况引起的暂停施工，均为发包人的责任：(1)由于发包人违约引起的暂停施工。(2)由于不可抗力的自然或社会因素引起的暂停施工。(3)专用合同条款中约定的其他由于发包人原因引起的暂停施工。本题中，实际施工地质情况与地质报告差别过大属于发包人的责任。

本案例第3问主要考查隧洞开挖施工规定。根据《水工建筑物地下开挖工程施工规范》，当相向开挖的两个工作面相距小于30 m或5倍洞径距离爆破时，双方人员均应撤离工作面；相距15 m时，应停止一方工作，单向开挖贯通。竖井或斜井单向自下而上开挖，距贯通面5 m时，应自上而下贯通。

本案例第4问主要考查实际工期以及费用的计算。发包人要求承包人提前完工，或承包人提出提前完工的建议能够给发包人带来效益的，应由监理人与承包人共同协商采取加快工程进度的措施和修订合同进度计划。发包人应承担承包人由此增加的费用，并向承包人支付专用合同条款约定的相应奖金。发包人要求提前完工的，双方协商一致后应签订提前完工协议，协议内容包括：(1)提前的时间和修订后的进度计划。(2)承包人的赶工措施。(3)发包人为赶工提供的条件。(4)赶工费用(包括利润和奖金)。具体计算过程详见答案。

案例(二)

1. 不正确。理由：跨度为8 m的交通桥现浇混凝土梁板的承重模板，应在混凝土强度达到设计强度的75%时方可拆除。

2. 风险预警机制、风险防范机制、风险处置机制和风险责任机制。

3. ④→⑤→③→②→①。

4. (1)单元工程质量总优良率 = 46/65 × 100% = 70.8% > 70%；关键部位单元工程质量优良率 = 28/30 × 100% = 93.3% > 90%。

(2)该分部工程中单元工程优良率达到优良标准。

5. 不符合。理由：日接触噪音时间8 h时，生产噪声声级卫生限值为85 dB(A)。

【解析】

本案例第1问主要考查拆除模板的期限。拆除模板的期限，应符合下列规定：(1)不承重的侧面模板，混凝土强度达到2.5 MPa以上，保证其表面及棱角不因拆模而损坏时，方可拆除。(2)钢筋混凝土结构的承重模板，混凝土达到下列强度后(按混凝土设计强度标准值的百分率计)，方可拆除。①悬臂板、梁：跨度 $l \leq 2$ m，75%；跨度 $l > 2$ m，100%。②其他梁、板、拱：跨度 $l \leq 2$ m，50%；2 m < 跨度 $l \leq 8$ m，75%；跨度 $l > 8$ m，100%。

本案例第2问主要考查水利安全生产风险管控"六项机制"的内容。"六项机制"包括风险查找机制、风险研判机制、风险预警机制、风险防范机制、风险处置机制和风险责任机制。

本案例第3问主要考查混凝土面板堆石坝的施工顺序。具体施工顺序详见答案。

本案例第4问主要考查分部工程施工质量优良标准。分部工程施工质量评为优良的标准为：(1)所含单元工程质量全部合格，其中70%以上达到优良等级，重要隐蔽单元工程和关键部位单元工程质量优良率达90%以上，且未发生过质量事故。(2)中间产品质量全部合格，混凝土(砂浆)试件质量达到优良等级(当试件组数小于30时，试件质量合格)，原材料质量、金属结构及启闭机制造质量合格，机电产品质量合格。该分部工程单元工程质量总优良率为70.8% > 70%，关键部位单元工程质量优良率为93.3% >90%。故该分部工程中单元工程优良率达到优良标准。

本案例第5问主要考查施工生产性噪声声级卫生限值规定。生产性噪声声级卫生限值如下表所示。

日接触噪声时间/h	卫生限值/[dB(A)]
8	85
4	88
2	91
1	94

案例(三)

1. 本工程混凝土防渗墙成槽施工前需做的准备工作包括平整场地、挖导槽、做导墙、安装挖槽机械设备、制备泥浆注入导槽。

2. (1)帷幕灌浆压力控制需考虑的因素有孔深、岩层性质、灌浆段上有无压重等。

(2)其灌浆压力通过压水试验确定。

(3)帷幕灌浆主要控制参数除灌浆压力和深度外，还包括防渗标准、灌浆孔排数和厚度。

3. (1)本工程因左、右岸输水涵过流能力均可以满足施工导流的要求，故可以采用分期围堰导流，前期可利用其中一侧输水涵和溢洪道导流，后期可利用另一侧输水涵和溢洪道导流。

(2)本工程需要设置的导流建筑物有上、下游横向围堰和纵向围堰。

4. 施工总平面布置图中除了各种临时设施外，还应包括下列主要内容：施工用地的范围；永久性和半永久性坐标位置，建筑场地的等高线在必要时也可标出；一切地上、地下已有和拟建的建筑物、构筑物及其他设施的平面位置和外轮廓尺寸；场内取土和弃土的区域位置。

【解析】

本案例第1问主要考查防渗墙的施工程序。槽孔型防渗墙的施工程序为平整场地→挖导槽→做导墙→安装挖槽机械设备→制备泥浆注入导槽→成槽→混凝土浇筑成墙等。

本案例第2问主要考查帷幕灌浆的灌浆压力和主要参数。帷幕灌浆是指用浆液灌入岩土体的裂隙或孔隙，形成连续的阻水幕，以减小地基的渗流量和降低建筑物基底渗透压力。帷幕灌浆压力控制需考虑的因素有孔深、岩层性质、灌浆段上有无压重等。灌浆压力可通过压水试验来确定。压水试验是指用栓塞将钻孔隔离出一定长度的孔段，并向该孔段压水，根据压力和流量的关系确定岩体渗透特性的一种原位试验。帷幕灌浆的主要控制参数有灌浆压力、防渗标准、灌浆孔排数、深度和厚度。

本案例第3问主要考查施工导流方式。根据《水利水电工程施工导流设计规范》，施工导流可划分为一次拦断河床围堰导流方式和分期围堰导流方式。河流流量大、河槽宽、覆盖层薄的坝址宜采用分期围堰导流方式，即采用分期围堰使河道水流先通过被束窄的河床下泄，再通过明渠、底孔或其他永久泄水建筑物导向下游的导流方式。本案例中，因左、右岸输水涵过流能力均可以满足施工导流的要求，故可以采用分期围堰导流，前期可利用其中一侧输水涵和溢洪道导流，后期可利用另一侧输水涵和溢洪道导流。围堰按其与水流方向的相对位置分为纵向围堰和横向围堰。在分期围堰导流施工中，采用混凝土浇筑的纵向围堰可以两面挡水，且可与永久建筑物结合作为坝体的一部分。本案例中，采用分期围堰导流方式时，需要修建一、二期上下游横向围堰以及一、二期纵向围堰。

本案例第4问主要考查施工总平面布置图的内容。施工总平面布置图包括下列内容：施工用地的范围；永久性和半永久性坐标位置，以及建筑场地的等高线(必要时)；各种临时设施的位置；一切地上、地下已有和拟建的建筑物、构筑物及其他设施的平面位置和外轮廓尺寸；场内取土和弃土的区域位置。施工总布置可按功能分为下列区域：主体工程施工区；施工工厂区；当地建材开采区；工程存、弃渣场区；仓库、站、场、码头等储运系统区；机电、金属结构和大型施工机械设备安装场区；施工管理及生活区；工程建设管理及生活区。

案例(四)

1. (1)不合理之处一：投标人应购买并使用该平台配套的投标报价专用软件编制投标报价。理由：电子招标投标交易平台运营机构不得以技术和数据接口配套为由，要求潜在投标人购买指定的工具软件。

不合理之处二：投标人报价不得低于最高投标限价的80%。理由：招标人设有最高投标限价的，应当在招标文件中明确最高投标限价或者最高投标限价的计算方法。招标人不得规定最低投标限价。

不合理之处三：投标人获本工程所在省的省级工程奖项的，评标赋2分，否则不得分。理由：招标人不得以特定行政区域或者特定行业的业绩、奖项作为加分条件或者中标条件，否则属于以不合理条件限制、排斥潜在投标人或者投标人。

(2)不妥当。理由：对招标文件有异议的，应当在投标截止时间10日前向招标人提出异议。未在规定时间提出异议的，不得再对相关内容提出投诉。

2. (1)不妥当。理由：出现特殊情况需要延长投标有效期的，招标人以书面形式通知所有投标人延长投标有效期。投标人拒绝延长投标有效期的，其投标失效，但投标人有权收回其投标保证金。

(2)投标保证金不予退还的情形有：投标人在规定的投标有效期内撤销或修改其投标文件；中标人在收到中标通知书后，无正当理由拒签合同协议书或未按招标文件规定提交履约担保。

3. (1)招标人取消投标人乙的中标资格并确定投标人丙为中标人，应当有充足的理由，并按项目管理权限报水行政主管部门备案。

(2)第一中标候选人资格被取消的情形还有：第一中标候选人放弃中标；因不可抗力不能履行合同；不按照招标文件要求提交履约保证金。

4. 文件编号2～7分别对应的解释合同的优先次序序号为:2对应七;3对应六;4对应二;5对应五;6对应三;7对应四。

【解析】

本案例第1问主要考查招投标的相关要求。电子招标投标交易平台运营机构不得以技术和数据接口配套为由,要求潜在投标人购买指定的工具软件。招标人可以自行决定是否编制标底。一个招标项目只能有一个标底。标底必须保密。接受委托编制标底的中介机构不得参加受托编制标底项目的投标,也不得为该项目的投标人编制投标文件或者提供咨询。招标人设有最高投标限价的,应当在招标文件中明确最高投标限价或者最高投标限价的计算方法。招标人不得规定最低投标限价。招标人不得以不合理的条件限制、排斥潜在投标人或者投标人。潜在投标人或者其他利害关系人对资格预审文件有异议的,应当在提交资格预审申请文件截止时间2日前提出;对招标文件有异议的,应当在投标截止时间10日前提出。招标人应当自收到异议之日起3日内作出答复;作出答复前,应当暂停招标投标活动。

本案例第2问主要考查投标保证金不予退还的情形。有下列情形之一的,投标保证金将不予退还:(1)投标人在规定的投标有效期内撤销或修改其投标文件。(2)中标人在收到中标通知书后,无正当理由拒签合同协议书或未按招标文件规定提交履约担保。

本案例第3问主要考查第一中标候选人资格被取消的情形。国有资金占控股或者主导地位的依法必须进行招标的项目,招标人应当确定排名第一的中标候选人为中标人。排名第一的中标候选人放弃中标、因不可抗力不能履行合同、不按照招标文件要求提交履约保证金,或者被查实存在影响中标结果的违法行为等情形,不符合中标条件的,招标人可以按照评标委员会提出的中标候选人名单排序依次确定其他中标候选人为中标人,也可以重新招标。

本案例第4问主要考查合同文件的优先解释顺序。组成合同的各项文件应互相解释,互为说明。除专用合同条款另有约定外,解释合同文件的优先顺序如下:合同协议书;中标通知书;投标函及投标函附录;专用合同条款;通用合同条款;技术标准和要求;图纸;已标价工程量清单;其他合同文件。

临考突破试卷(二)

一、单项选择题

1. B 【解析】堤防工程中,浆砌石、混凝土等护坡应设置排水孔,孔径可为50～100 mm,孔距可为2～3 m,宜呈梅花形布置。浆砌石、混凝土护坡应设置变形缝。

2. B 【解析】根据《水利水电工程等级划分及洪水标准》,水利水电工程等级划分如下表所示。

水利水电工程分等指标

工程等别	工程规模	水库总库容/10^8 m^3	防洪			治涝	灌溉	供水		发电
			保护人口/10^4人	保护农田面积/10^4亩	保护区当量经济规模/10^4人	治涝面积/10^4亩	灌溉面积/10^4亩	供水对象重要性	年引水量/10^8 m^3	发电装机容量/MW
Ⅰ	大(1)型	≥10	≥150	≥500	≥300	≥200	≥150	特别重要	≥10	≥1 200
Ⅱ	大(2)型	<10,≥1.0	<150,≥50	<500,≥100	<300,≥100	<200,≥60	<150,≥50	重要	<10,≥3	<1 200,≥300
Ⅲ	中型	<1.0,≥0.10	<50,≥20	<100,≥30	<100,≥40	<60,≥15	<50,≥5	比较重要	<3,≥1	<300,≥50
Ⅳ	小(1)型	<0.1,≥0.01	<20,≥5	<30,≥5	<40,≥10	<15,≥3	<5,≥0.5	一般	<1,≥0.3	<50,≥10
Ⅴ	小(2)型	<0.01,≥0.001	<5	<5	<10	<3	<0.5		<0.3	<10

3. D 【解析】正常蓄水位是指水库在正常运用的情况下,为满足兴利要求在开始供水时应蓄到的最高水位。防洪限制水位是指水库在汛期允许兴利蓄水的上限水位,也是水库在汛期防洪运用时的起调水位。设计洪水位是指水库遇到设计洪水时,在坝前达到的最高水位。死水位是指水库在正常运用

情况下,允许降落的最低水位。

4. A 【解析】倾向是指岩层的倾斜方向,表示为倾斜线在水平面上的投影所指的方向。故选项A错误。

5. A 【解析】根据《水利水电工程施工测量规范》,高程控制网是施工测量的高程基准,其等级划分为二等、三等、四等、五等。首级高程控制网的等级应根据工程规模、范围和放样精度来确定。布设高程控制网时,首级网应布设成环形网,加密网宜布设成附合路线或结点网。

6. C 【解析】砂的粗细程度按细度模数分为粗、中、细、特细四级,其范围应符合下列规定:粗砂,3.7～3.1;中砂,3.0～2.3;细砂,2.2～1.6;特细砂,1.5～0.7。

7. C 【解析】对于Ⅱ,Ⅲ,Ⅳ级钢筋通过冷拉产生塑性变形,提高钢筋屈服点强度,且节约钢材。经过冷拉的钢筋强度较高,可用作预应力混凝土结构中的预应力筋。

8. B 【解析】反滤围井法的适用情形有:(1)地面出现单个管涌。(2)管涌出现的数量较多,但比较集中。选项A,D属于漏洞险情的抢护方法;选项C属于出现大面积管涌或管涌群时宜采用的方法。

9. C 【解析】土的工程分类根据开挖方法的不同可分为四类,分别是:Ⅰ类、Ⅱ类、Ⅲ类、Ⅳ类。其中,Ⅲ类土包括黏土、干燥黄土、干淤泥、含少量砾石黏土。

10. A 【解析】固结灌浆一般按照钻孔、压水试验、灌浆(分序施工)、封孔和质量检查的程序进行。在布置固结灌浆时应按分序加密的原则,浆液灌浆时先从稀浆开始,逐渐变浓,直至达到结束标准。

11. C 【解析】根据《碾压式土石坝施工规范》,坝体压实质量应以压实参数和指标检测相结合进行控制。过程压实参数应有检测记录;当采用实时质量监控系统进行质量控制时,抽样指标检测频次应减少,且宜布置在过程参数指标不满足要求的部位。

12. C 【解析】施工缝指的是在混凝土浇筑过程中,因设计要求或施工需要分段浇筑,而在先、后浇筑的混凝土之间所形成的接缝。后续施工中一般采用钻孔灌浆、喷浆或表面凿槽嵌补等方法对其进行修补。

13. D 【解析】根据《水利水电工程启闭机制造安装及验收规范》,空载试验是指启闭机在无荷载状态下进行的运行试验和模拟操作。空运转试验是指启闭机出厂前,在未安装钢丝绳和吊具的组装状态下进行的试验。静载试验是指启闭机在1.25倍额定荷载状态下进行的静态试验和操作。主要目的是检验启闭机各部件和金属结构的承载能力。动载试验是指启闭机在1.1倍额定荷载状态下进行的运行试验和操作。主要目的是检查起升机构、运行机构和制动器的工作性能。

14. C 【解析】滑模施工时,应分层、平起、对称、均匀地浇筑混凝土,各层浇筑的间隔时间,不应超过允许间歇时间。振捣混凝土时,不应将振捣器触及支承杆、预埋件、钢筋和模板,振捣器插入下层混凝土的深度,宜为5 cm左右,无轨滑模施工时,振捣器与模板的距离不应小于15 cm。

15. B 【解析】水利工程具备规定的开工条件后,主体工程方可开工建设。项目法人或者建设单位应当自工程开工之日起15个工作日内,将开工情况的书面报告报项目主管单位和上一级主管单位备案。

16. B 【解析】稽察组由稽察组长、专家组长、稽察助理和稽察专家等组成。其中,稽察组长对现场稽察阶段工作负总责。

17. D 【解析】企业管理费是指施工企业为组织施工生产和经营管理活动所发生的费用。内容包括管理人员工资、差旅交通费、办公费、固定资产使用费、工具用具使用费、职工福利费、劳动保护费、工会经费、职工教育经费、保险费、财务费用、税金、其他。

18. D 【解析】水泥试验主要包括标准稠度用水量试验、细度试验、凝结时间试验、体积安定性及强度试验、水化热试验。基本试验可采用饮用水;仲裁试验和重要试验,需采用蒸馏水。

19. A 【解析】指令标志是指强制人们必须做出某种动作或采用防范措施的图形标志。指令标志的几何图形是圆形,蓝色背景,白色图形符号及文字。故选项A错误。

20. B 【解析】雨水不应汇入沉淀池、隔油池、化粪池、垃圾堆存处、干化泥浆堆储等场所。故选项A错误。工程中使用的可溶或遇水改变性质的物品(如水泥、外加剂、降阻剂、电石等)不应露天储存。故选项C错误。存放含有汞、铬、镉、砷、铅、氰化物、黄磷等的可溶性物品(包括废弃物品),必须防止

其直接或被溶解后排入水体。禁止将含有这些元素的可溶性废弃物直接埋入地下。故选项 D 错误。

二、多项选择题

21. CE 【解析】在重力坝的施工中,需要在坝内设置横缝、纵缝等,其主要作用是防止由于温度变化和地基不均匀沉降导致坝体出现裂缝。

22. BDE 【解析】闸室是水闸的主体,设有底板、闸门、闸墩、胸墙、工作桥、交通桥等。铺盖布置在水闸上游、与闸室相连。护坦是指建在水闸下游、保护河底不受冲刷破坏的刚性护底建筑物。

23. ABDE 【解析】重要结构中的钢筋代换,应征得设计单位的同意。故选项 A 错误。以高一级钢筋代换低一级钢筋时,宜采用改变钢筋直径的方法减少钢筋截面积。故选项 B 错误。钢筋的调直宜采用机械调直和冷拉方法调直,严禁采用氧气、乙炔焰烘烤取直。故选项 D 错误。直径小于等于 12 mm 卷成盘条的钢筋称为轻筋,直径大于 12 mm 的棒状的钢筋称为重筋。故选项 E 错误。

24. BCDE 【解析】水利工程建设项目后评价的主要内容包括过程评价、经济评价、社会影响及移民安置评价、环境影响及水土保持评价、目标和可持续性评价、综合评价。

25. ABDE 【解析】各级水行政主管部门要积极商发展改革、财政部门,充分发挥政府投资的引导和带动作用,采取直接投资、投资补助、资本金注入、财政贴息、以奖代补、先建后补等多种方式,支持社会资本参与水利基础设施建设运营。

26. BCD 【解析】工程建设全过程可划分为工程筹建期、工程准备期、主体工程施工期和工程完建期四个施工时段。编制施工总进度时,工程施工总工期应为后三项工期之和。工程建设相邻两个阶段的工作可交叉进行。

27. BCE 【解析】验收评定表中的检查记录可以采用黑色水笔手写,也可以采用激光打印机打印。故选项 B 错误。验收评定表中的质量结论、质量意见和签字部分不得打印填写。故选项 C 错误。计算得出的合格率,小数点后保留 1 位。故选项 E 错误。

28. ABCD 【解析】根据《水利部关于水利安全生产标准化达标动态管理的实施意见》,存在以下任何一种情形的,记 15 分:发生 1 人(含)以上死亡,或者 3 人(含)以上重伤,或者 100 万元以上直接经济损失的一般水利生产安全事故且负有责任的;存在重大事故隐患或者安全管理突出问题的;存在非法违法生产经营建设行为的;生产经营状况发生重大变化的;按照水利安全生产标准化相关评审规定和标准不达标的。

29. BCDE 【解析】根据《防汛条例》,防汛工作实行"安全第一,常备不懈,以防为主,全力抢险"的方针,遵循团结协作和局部利益服从全局利益的原则。

30. ABD 【解析】进度管理文件除选项 A,B,D 外,还有施工进度计划报审表、施工进度计划调整报审表。选项 C,E 属于合同管理文件。

三、实务操作和案例分析题

案例(一)

1. 土料填筑压实参数除含水量外,还包括碾压机具的重量、碾压遍数、土的性质和铺土厚度等。对于振动碾压的压实参数还包括振动碾的振动频率和行车速度等。

2. 天然建筑材料地质巡视应包括下列内容:

(1)剥离层、无用层变化情况,特别是灰岩料场的溶蚀深度和充泥情况,干旱地区土料场的盐渍化程度和深度。

(2)建筑材料的质量,可用料的已采量和剩余量。

(3)开采方法、方式是否影响材料质量、储量。

(4)料场开挖边坡的稳定状况。

3. 新堤身土方填筑、老堤加高培厚施工土料填筑压实度均应大于等于 92%、压实度合格率均应大于等于 85%。理由:本工程堤防按 30 年一遇的防洪标准设计,为 3 级堤防。堤身高度 6.5 m,采用黏性土填筑。

4. 不妥之处:项目法人、勘测、设计、监理、施工、主要设备制造商作为竣工验收委员会。理由:水利工程竣工验收时,项目法人、勘测、设计、监理、施工、主要设备制造商应作为被验收单位参加竣工验收会议,负责解答验收委员会提出的问题,不作为竣工验收委员会成员。

【解析】

本案例第 1 问主要考查土料填筑的压实参数。其具体内容详见答案。

本案例第 2 问主要考查天然建筑材料的施工地质工作。天然建筑材料的施工地质工作应跟踪料场质量变化情况,及时复核料源储量。天然建筑材料的施工地质工作内容除应符合相关规定外,还应重点跟踪剥离层、无用夹层、有害层的分布情况及开挖边坡的稳定条件。天然建筑材料地质巡视应包括下列内容:(1)剥离层、无用层变化情况,特别是灰岩料场的溶蚀深度和充泥情况,干旱地区土料场的盐渍化程度和深度。(2)建筑材料的质量,可用料的已采量和剩余量。(3)开采方法、方式是否影响材料质量、储量。(4)料场开挖边坡的稳定状况。

本案例第 3 问主要考查水利水电工程等级划分和施工质量验收标准。根据《水利水电工程等级划分及洪水标准》,防洪工程中堤防永久性水工建筑物的级别应根据其保护对象的防洪标准确定,如下表所示。

堤防永久性水工建筑物级别

防洪标准/[重现期(年)]	≥100	<100,≥50	<50,≥30	<30,≥20	<20,≥10
堤防级别	1	2	3	4	5

根据《水利水电单元工程施工质量验收评定标准——堤防工程》,土料填筑压实度或相对密度合格标准,如下表所示。

土料填筑压实度或相对密度合格标准

上堤土料	堤防级别	压实度/%	相对密度	压实度或相对密度合格率/%		
				新筑堤	老堤加高培厚	防渗体
黏性土	1 级	≥94	—	≥85	≥85	≥90
	2 级和高度超过 6 m 的 3 级堤防	≥92	—	≥85	≥85	≥90
	3 级以下及低于 6 m 的 3 级堤防	≥90	—	≥80	≥80	≥85
少黏性土	1 级	≥94	—	≥90	≥85	—
	2 级和高度超过 6 m 的 3 级堤防	≥92	—	≥90	≥85	—
	3 级以下及低于 6 m 的 3 级堤防	≥90	—	≥85	≥80	—
无黏性土	1 级	—	≥0.65	≥85	≥85	—
	2 级和高度超过 6 m 的 3 级堤防	—	≥0.65	≥85	≥85	—
	3 级以下及低于 6 m 的 3 级堤防	—	≥0.60	≥80	≥80	—

本案例第 4 问主要考查水利工程竣工验收。根据《水利水电建设工程验收规程》,竣工验收委员会应由竣工验收主持单位、有关地方人民政府和部门、有关水行政主管部门和流域管理机构、质量和安全监督机构、运行管理单位的代表以及有关专家组成。工程投资方代表可参加竣工验收委员会。项目法人、勘测、设计、监理、施工和主要设备制造(供应)商等单位应派代表参加竣工验收,负责解答验收委员会提出的问题,并应作为被验收单位代表在验收鉴定书上签字。

案例(二)

1. 其余 5 个分部工程为:上游坝面石渣料帮坡、坝基及坝肩水泥帷幕灌浆、下游坝面混凝土预制块护坡、观测设施完善、坝顶(包括道路、防浪墙)工程。

2. 施工顺序为:①→⑤→③→⑦。

3. 不妥之处一:施工单位向项目法人提出验收申请。

改正:项目法人向竣工验收主持单位提出验收申请。

不妥之处二:项目法人主持下闸蓄水验收。

改正:竣工验收主持单位或其委托的单位主持下闸蓄水验收。

4. 区段 2。

理由:在中粗砂地层中施工混凝土截渗墙易塌孔、漏浆。

5. 不妥之处一:单位工程质量评定组织工作。

改正:单位工程质量在施工单位自评合格后,由监理单位复核,项目法人认定,经该工程的质量监督机构核定为优良。

不妥之处二:竣工验收的质量结论意见为优良。

改正:竣工验收的质量结论意见为合格。

【解析】

本案例第 1 问主要考查项目的划分。根据《水利水电工程施工质量检验与评定规程》,有关项目划分的原则如下:(1)项目按级划分为单位工程、分部工程、单元(工序)工程等三级。(2)水利水电工程项目划分应结合工程结构特点、施工部署及施工合同要求进行,划分结果应有利于保证施工质量以及施工质量管理。(3)分部工程项目的划分原则:①枢纽工程,土建部分按设计的主要组成部分划分;金属结构及启闭机安装工程和机电设备安装工程按组合功能划分。②堤防工程,按长度或功能划分。③引水(渠道)工程中的河(渠)道按施工部署或长度划分。大、中型建筑物按工程结构主要组成部分划分。④除险加固工程,按加固内容或部位划分。⑤同一单位工程中,各个分部工程的工程量(或投资)不宜相差太大,每个单位工程中的分部工程数量,不宜少于 5 个。对应背景材料中列出的工程内容,本单位工程除混凝土防渗墙之外的分部工程应为:上游坝面石渣料帮坡、坝基及坝肩水泥帷幕灌浆、下游坝面混凝土预制块护坡、观测设施完善、坝顶(包括道路、防浪墙)工程。

本案例第2问主要考查工程施工顺序。该工程截渗加固主要有增设混凝土截渗墙加固坝体黏土心墙、水泥帷幕灌浆、加固坝基和坝肩,且背景资料中已清楚注明"设计要求混凝土截渗墙应在上游坝面石渣料帮坡施工结束后才能开工,并在截渗墙施工过程中预埋帷幕灌浆管",据此应容易得出①→⑤→③的施工顺序,至于第⑦项"新建坝顶混凝土道路",肯定应在①,⑤,③完成以后才能施工。

本案例第3问主要考查阶段验收的组织。根据《水利水电建设工程验收规程》,阶段验收应由竣工验收主持单位或其委托的单位主持。阶段验收委员会应由验收主持单位、质量和安全监督机构、运行管理单位的代表以及有关专家组成;必要时,可邀请地方人民政府以及有关部门参加。工程建设具备阶段验收条件时,项目法人应提出阶段验收申请报告。阶段验收申请报告应由法人验收监督管理机关审查后转报竣工验收主持单位,竣工验收主持单位应自收到申请报告之日起20个工作日内决定是否同意进行阶段验收。

本案例第4问主要考查混凝土截渗墙施工质量控制。混凝土截渗墙施工主要有成槽(孔)、清槽(孔)、混凝土浇筑三个工序,其中成槽(孔)工序是混凝土截渗墙施工成功关键的第一步,岩石中成槽(孔)较困难,但最困难的是在卵石层、砂层中成槽(孔),因为卵石层、砂层中易塌孔和漏浆。

本案例第5问主要考查单位工程施工质量评定组织工作的相关内容以及竣工验收的质量结论。根据《水利水电工程施工质量检验与评定规程》,单位工程质量,在施工单位自评合格后,由监理单位复核,项目法人认定。单位工程验收的质量结论由项目法人报工程质量监督机构核定。根据《水利水电建设工程验收规程》,工程项目质量达到合格以上等级的,竣工验收的质量结论意见应为合格。

案例(三)

1. 关键线路为:①→②→③→⑤→⑥→⑦→⑧。

总工期为:$3+5+4+6+11=29$(个月)。

2. E工作延期2个月不会造成工期延误。

理由:E工作不是关键工作,其总时差是5个月,大于延期时间,不会影响总工期。

3. 承包人更换项目经理的要求有:

(1)应事先征得发包人同意。

(2)应在更换14天前通知发包人和监理人。

监理机构有权要求承包人更换不负责任的项目经理。

4. 由发包人承担增加的费用和工期延误。

【解析】

本案例第1问主要考查网络图工期和关键线路的确定。网络图各条线路中,总持续时间最长的线路即为关键线路,最长线路上工作总持续时间即为总工期。根据网络图,线路①→②→③→⑦→⑧的总持续时间为24个月;线路①→②→③→⑤→⑥→⑦→⑧的总持续时间为29个月;线路①→②→④→⑤→⑥→⑦→⑧的总持续时间为28个月;线路①→②→④→⑥→⑦→⑧的总持续时间为27个月。由此可知,线路①→②→③→⑤→⑥→⑦→⑧的计算工期最长,为29个月,即关键线路为①→②→③→⑤→⑥→⑦→⑧。

本案例第2问主要考查施工进度延误的处理。工作的总时差等于该工作最迟完成时间与最早完成时间之差,也等于该工作最迟开始时间与最早开始时间之差。对于非关键工作,若工作延误时间小于其总时差,则不影响总工期;若工作延误时间大于其总时差,则影响总工期。E工作总时差为$29-24=5$(个月)>2个月,因此E工作延误2个月不影响总工期。

本案例第3问主要考查承包人项目经理的相关要求。根据《水利水电工程标准施工招标文件》,承包人应按合同约定指派项目经理,并在约定的期限内到职。承包人更换项目经理应事先征得发包人同意,并应在更换14天前通知发包人和监理人。承包人项目经理短期离开施工场地,应事先征得监理人同意,并委派代表代行其职责。承包人项目经理应按合同约定以及监理人作出的指示,负责组织合同工程的实施。在情况紧急且无法与监理人取得联系时,可采取保证工程和人员生命财产安全的紧急措施,并在采取措施后24小时内向监理人提交书面报告。承包人为履行合同发出的一切函件均应盖有承包人授权的施工场地管理机构章,并由承包人项目经理或其授权代表签字。承包人项目经理可以授权其下属人员履行其某项职责,但事先应将这些人员的姓名和授权范围通知监理人。承包人应对其项目经理和其他人员进行有效管理。监理人要求撤换不能胜任本职工作、行为不端或玩忽职守的承包人项目经理和其他人员的,承包人应予以撤换。

本案例第4问主要考查工程隐蔽部位覆盖前的检查。根据《水利水电工程标准施工招标文件》,承包人按规定覆盖工程隐蔽部位后,监理人对质量有疑问的,可要求承包人对已覆盖的部位进行钻孔探测或揭开重新检验,承包人应遵照执行,并在检验后重新覆盖恢复原状。经检验证明工程质量符合合同要求的,由发包人承担由此增加的费用和(或)工期延误,并支付承包人合理利润;经检验证明工程质量不符合合同要求的,由此增加的费用和(或)工期延误由承包人承担。

案例(四)

1. 不妥之处一:招标人单独带领乙单位对现场进行踏勘。

改正:招标人不得单独或者分别组织任何一个投标人进行现场踏勘。

不妥之处二:在距离投标截止还有10天时,招标人对招标文件进行了澄清,随后开标按期举行。

改正:招标文件的澄清将在投标截止时间15天前,以书面形式通知所有购买招标文件的投标人,但不指明澄清问题的来源。如果澄清通知发出的时间距投标截止时间不足15天,投标截止时间应相应延长。

2. 丙单位应提交的业绩证明资料包括:近5年完成的类似项目情况表,并附中标通知书、合同协议书、工程接收证书、合同工程完工证书的复印件。

3. 投标保证金不予退还的情形有:

(1)投标人在规定的投标有效期内撤销或修改其投标文件。

(2)中标人在收到中标通知书后,无正当理由拒签合同协议书或未按招标文件规定提交履约担保。

4. 不妥当。

理由:投标人不得主动提出澄清、说明或补正。

【解析】

本案例第1问主要考查施工招投标相关规定。根据《工程建设项目施工招标投标办法》,招标人根据招标项目的具体情况,可以组织潜在投标人踏勘项目现场,向其介绍工程场地和相关环境的有关情况。潜在投标人依据招标人介绍情况作出的判断和决策,由投标人自行负责。招标人不得单独或者分别组织任何一个投标人进行现场踏勘。根据《水利水电工程标准施工招标文件》,招标文件的澄清将在投标截止时间15天前,以书面形式通知所有购买招标文件的投标人,但不指明澄清问题的来源。如果澄清通知发出的时间距投标截止时间不足15天,投标截止时间应相应延长。投标人在收到澄清通知后,应在1天内以书面形式告知招标人,确认已收到澄清通知。

本案例第2问主要考查施工投标条件。投标人应具备承担施工的资质条件、能力和信誉,具体包括资质要求、财务要求、业绩要求、信誉要求、项目经理资格、技术负责人资格及其他要求。其中,资质要求通常包括资质符合性、资质证书有效性。业绩要求通常指相似工程的业绩,包括结构、规模、功能、造价等。填报"近5年完成的类似项目情况表"应附中标通知书、合同协议书、工程接收证书及合同工程完工证书(工程竣工证书副本)的复印件。信誉要求通常指信用等级。

本案例第3问主要考查投标保证金的相关规定。根据《水利水电工程标准施工招标文件》,投标人不按要求提交投标保证金的,其投标文件作无效标处理。招标人与中标人签订合同后5个工作日内,向未中标的投标人和中标人退还投标保证金。有下列情形之一的,投标保证金将不予退还:(1)投标人在规定的投标有效期内撤销或修改其投标文件。(2)中标人在收到中标通知书后,无正当理由拒签合同协议书或未按招标文件规定提交履约担保。

本案例第4问主要考查投标文件澄清和补正要求。根据《水利水电工程标准施工招标文件》,在评标过程中,评标委员会可以书面形式要求投标人对所提交的投标文件中不明确的内容进行书面澄清或说明,或者对细微偏差进行补正。评标委员会不接受投标人主动提出的澄清、说明或补正。澄清、说明和补正不得改变投标文件的实质性内容(算术性错误修正的除外)。投标人的书面澄清、说明和补正属于投标文件的组成部分。评标委员会对投标人提交的澄清、说明或补正有疑问的,可以要求投标人进一步澄清、说明或补正,直至满足评标委员会的要求。

临考突破试卷(三)

一、单项选择题

1. B 【解析】根据《碾压式土石坝设计规范》,坝顶上游侧宜设防浪墙,墙顶应高于坝顶 1.0 ~ 1.2 m,墙底应与防渗体紧密结合。防浪墙应满足下列要求:(1)应具有要求的强度和耐久性,不透水。(2)应设置伸缩缝和止水,伸缩缝宽度和止水形式应满足坝体变形要求。(3)结构尺寸应根据稳定、强度计算确定。(4)地震区应核算防浪墙的动力稳定性。

2. A 【解析】水闸上游连接段的钢筋混凝土铺盖常用 C20 混凝土浇筑,钢筋混凝土铺盖最小厚度宜大于 0.4 m,其顺水流向的永久缝缝距可采用 8 ~ 20 m,靠近翼墙的铺盖缝距宜采用小值。缝宽可采用 2 ~ 3 cm。

3. C 【解析】警戒水位是指在江、河、湖泊水位上涨到河段内可能发生险情时的水位。警戒水位是我国防汛部门规定的各江河堤防需要处于防守戒备状态的水位,到达该水位时,堤防防汛进入重要时期。

4. D 【解析】根据《水利水电工程合理使用年限及耐久性设计规范》,环境类别共分为五类,分别是一、二、三、四、五类。闸墩所对应的混凝土保护层最小厚度分别是 30 mm、35 mm、45 mm、55 mm、60 mm。

5. B 【解析】断层是指岩体受力作用断裂后,两侧岩块沿断裂面发生显著相对位移的断裂构造。断层一般由断层面和破碎带、断层线、断盘、断距 4 个部分组成。根据断层两盘相对位移的情况,可分为正断层、逆断层、平移断层。其中,正断层是上盘沿断层面相对下降,下盘相对上升的断层。故选项 B 错误。

6. A 【解析】建筑材料中,结构材料一般是以力学性能为基础,制造受力构件的所用材料。常用的有混凝土、型钢和木材等。

7. B 【解析】龙口过宽,不仅截流期工程量大,而且合龙期较长,对截流安全不利;龙口过窄,预进占工程量可能较大,抛投石料粒径相应增大,预进占后若需裹头保护也较复杂。因此一般是根据相应的龙口流量,预进占时其缩窄后断面的流速(即抗冲流速)不致过大,以及合龙持续时间不会太长的要求来确定龙口宽度及其防护措施。

8. C 【解析】根据《水利水电工程混凝土防渗墙施工技术规范》,墙体质量检查应在成墙后 28 天进行,检查内容为必要的墙体物理力学性能指标、墙段接缝和可能存在的缺陷。检查可采用钻孔取芯、注水试验或其他检测等方法,注水试验按照相关规定执行。

9. D 【解析】在大体积混凝土浇筑时,应严格控制浇筑质量,对于成型后的混凝土块,其偏差不应超过木模安装允许偏差的 50% ~100%。

10. A 【解析】混凝土运输过程中,应缩短运输时间,减少转运次数,不应在运输途中和卸料过程中加水。不论采用何种运输设备,发生不可避免的转运时,混凝土自由下落高度不宜大于 2 m,超过时,应采取缓降或其他措施,防止骨料分离。

11. B 【解析】螺杆式启闭机的空载试验,应在全行程内往返 3 次,试验结果要求如下:(1)各零部件应运行平稳、无异常。(2)电动机应运行平稳,三相电流不平衡度不应大于 10%。(3)电气设备应无异常发热,控制器的触头应无烧灼。(4)高度指示装置和行程限制器应准确可靠。

12. C 【解析】初步设计编制的概算静态总投资原则上不得突破已批准的可行性研究报告估算的静态总投资。由于工程项目基本条件发生变化,引起工程规模、工程标准、设计方案、工程量的改变,其静态总投资超过可行性研究报告相应估算静态投资在 15% 以内时,要对工程变化内容和增加投资提出专题分析报告;超过可行性研究报告估算静态投资 15% 以上(含 15%)时,必须重编可行性研究报告,重新按原程序报批。

13. B 【解析】水利 PPP 项目合作方式应分类选择,针对水利项目公益性强、投资规模大、建设周期长、投资回报率低的特点,结合项目实际情况,通过特许经营、购买服务、股权合作等方式,灵活采用建设—运营—移交(BOT)、建设—拥有—运营—移交(BOOT)、建设—拥有—运营(BOO)、移交—运营—移交(TOT)等模式推进水利基础设施建设运营。

14. C 【解析】根据《水利部办公厅关于调整水利工程计价依据增值税计算标准的通知》,计算增值税下的施工机械使用费时,工程部分的施工机械台时费定额的折旧费除以 1.13 调整系数,修理及替换设备费除以 1.09 调整系数。掘进机及其他由建设单位采购、设备费单独列项的施工机械,设备费采用不含增值税进项税额的价格。

15. C 【解析】橡胶止水带接头宜采用硫化连接,PVC 止水带接头应采用焊接连接。铜止水带的接头焊接宜采用搭接或对接在双面进行,搭接长度应大于 20 mm。

16. D 【解析】根据《水闸施工规范》,水闸工程土石方开挖时,施工放样轮廓点平面测量允许偏差不应超过 ±50 mm,高程测量允许偏差不应超过 ±50 mm。

17. A 【解析】根据《水利建设工程质量监督工作清单》,水利建设工程质量监督工作项目中,开展质量监督检查的项目包括:(1)复核质量责任主体资质。(2)检查或复核质量责任主体的质量管理体系建立情况。(3)检查质量责任主体的质量管理体系运行情况。(4)质量监督检测。

18. B 【解析】安全标志的类型、颜色、内容等应根据工程的具体情况设置。在电力变压器、高压配电装置、线路杆塔等带电设备的爬梯处应设置的标志内容有:禁止攀登、高压危险。

19. B 【解析】根据《防洪法》,防洪工作实行全面规划、统筹兼顾、预防为主、综合治理、局部利益服从全局利益的原则。

20. D 【解析】质量管理小组竞赛活动结果由中水企协秘书处审定,坚持高标准、严要求,评审出优秀质量管理小组成果等次分为一、二、三等。其中,一等成果的等次为最高,数量不超过申报总数的 20%;二等成果数量不超过申报总数的 40%。

二、多项选择题

21. BCD 【解析】水闸上游连接段一般包括上游翼墙、铺盖、护底和护坡等。下游连接段通常包括护坦(消力池)、海漫、下游防冲槽、下游翼墙和护坡等。

22. ABC 【解析】水准测量中,测量误差来源有仪器、观测、外界条件影响。其中,观测误差除选项 A、B、C 外,还包括水准尺竖立不直造成的误差、视差等。选项 D、E 属于仪器误差。

23. ABCD 【解析】帷幕灌浆是将浆液灌入岩体或土层的裂隙、孔隙,形成连续的阻水帷幕,以减小渗流量和降低渗透压力。其主要参数包括防渗标准、灌浆深度及厚度、灌浆孔排数和灌浆压力等。

24. BCD 【解析】水轮机按工作原理可分为冲击式水轮机和反击式水轮机两大类。冲击式水轮机主要是动能的转换;反击式水轮机主要是压力能的转换。冲击式水轮机又可分为水斗式、斜击式和双击式。

25. ABD 【解析】重大设计变更是指工程建设过程中,对初步设计批复的有关建设任务和内容进行调整,导致工程任务、规模、工程等级及设计标准发生变化,工程总体布置方案、主要建筑物布置及结构形式、重要机电与金属结构设备、施工组织设计方案等发生重大变化,对工程质量、安全、工期、投资、效益、环境和运行管理等产生重大影响的设计变更。选项 C、E 均属于一般设计变更。

26. AD 【解析】水利工程质量终身责任管理实行书面承诺和竣工后永久性标识等制度。项目负责人应当在办理工程质量监督手续前签署工程质量终身责任承诺书,连同项目负责人证明材料,由建设单位(项目法人)报工程质量监督机构备案。

27. BCDE 【解析】单位工程施工质量同时满足下列标准时,其质量评为合格:(1)所含分部工程质量全部合格。(2)质量事故已按要求进行处理。(3)工程外观质量得分率达到 70% 以上。(4)单位工程施工质量检验与评定资料基本齐全。(5)工程施工期及试运行期,单位工程观测资料分析结果符合国家和行业技术标准以及合同约定的标准要求。

28. ABCD 【解析】纳入竣工财务决算的尾工工程投资及预留费用,大中型工程应控制在总概算的 3% 以内;小型工程应控制在总概算的 5% 以内。工程类项目竣工财务决算应由下列 5 部分组成:竣工财务决算封面及目录;竣工工程平面示意图及主体工程照片;竣工财务决算说明书;竣工财务决算报表;其他资料。

29. ABD 【解析】水利工程专项验收包括环境保护、水土保持、移民安置以及工程档案等专项验收。阶段验收应包括枢纽工程导(截)流验收、水库下闸蓄水验收、引(调)排水工程通水验收、水电站(泵站)首(末)台机组启动验收、部分工程投入使用验收以及竣工验收主持单位根据工程建设需要增加的其他验收。

30. ABE 【解析】根据《水利工程施工监理规范》,跟踪检测的项目和数量(比例)应在监理合同中约定。其中,混凝土试样应不少于承包人检测数量的7%,土方试样应不少于承包人检测数量的10%。施工过程中,监理机构可根据工程质量控制工作需要和工程质量状况等确定跟踪检测的频次分布,但应对所有见证取样进行跟踪。故选项A,B错误。平行检测时,重要部位每种标号的混凝土至少取样1组。故选项E错误。

三、实务操作和案例分析题

案例(一)

1. 钢筋标牌上应标注有钢号、产品批号、规格、尺寸等。

2. 化学灌浆的施工工序为:钻孔和压水试验→钻孔和裂缝的处理→埋设注浆嘴和回浆嘴→封闭、注水、灌浆。

3. 变更估价应遵循的原则包括:

(1)已标价工程量清单中有类似子目的,可在合理范围内参照类似子目的单价,由监理人按合同相关条款商定或确定变更工作的单价。

(2)已标价工程量清单中无类似子目的单价,可按照成本加利润的原则,由监理人按合同相关条款商定或确定变更工作的单价。

4. 不合理。

理由:原材料、中间产品一次抽样检验不合格时,应及时对同一取样批次另取两倍数量进行检验,如仍不合格,则该批次原材料或中间产品应定为不合格,不得使用。

【解析】

本案例第1问主要考查钢筋进场要求。进场钢筋应具有出厂质量证明书或检验报告单,每捆(盘)钢筋均应挂上标牌,标牌上应注有生产厂家、生产日期、牌号、产品批号、规格、尺寸等项目,在运输和储存时不得损坏和遗失标牌。

本案例第2问主要考查化学灌浆施工工序。化学灌浆是指利用压力将化学浆液注入基岩、覆盖层、裂缝等需处理的工程部位,使之充填、扩散、胶凝、固结,达到防渗堵漏、补强加固等目的的工程措施。其施工工序包括钻孔、压水试验、钻孔(裂缝)处理、埋设注浆嘴和回浆嘴、封闭、注水、灌浆等工作。

本案例第3问主要考查变更估价。根据《水利水电工程标准施工招标文件》,在履行合同中发生以下情形之一,应按照本款规定进行变更:(1)取消合同中任何一项工作,但被取消的工作不能转由发包人或其他人实施。(2)改变合同中任何一项工作的质量或其他特性。(3)改变合同工程的基线、标高、位置或尺寸。(4)改变合同中任何一项工作的施工时间或改变已批准的施工工艺或顺序。(5)为完成工程需要追加的额外工作。(6)增加或减少专用合同条款中约定的关键项目工程量超过其工程总量的一定数量百分比。上述第(1)~(6)目的变更内容引起工程施工组织和进度计划发生实质性变动和影响其原定的价格时,才予调整该项目的单价。第(6)目情形下调整方式在专用合同条款中约定。除专用合同条款另有约定外,因变更引起的价格调整按照本款约定处理:(1)已标价工程量清单中有适用于变更工作的子目的,采用该子目的单价。(2)已标价工程量清单中无适用于变更工作的子目,但有类似子目的,可在合理范围内参照类似子目的单价,由监理人按合同相关条款商定或确定变更工作的单价。(3)已标价工程量清单中无适用或类似子目的单价,可按照成本加利润的原则,由监理人按合同相关条款商定或确定变更工作的单价。

本案例第4问主要考查施工质量检验的基本要求。根据《水利水电工程施工质量检验与评定规程》,工程中出现检验不合格的项目时,应按以下规定进行处理。(1)原材料、中间产品一次抽样检验不合格时,应及时对同一取样批次另取两倍数量进行检验。如仍不合格,则该批次原材料或中间产品应定为不合格,不得使用。(2)单元(工序)工程质量不合格时,应按合同要求进行处理或返工重做,并经重新检验且合格后方可进行后续工程施工。(3)混凝土(砂浆)试件抽样检验不合格时,应委托具有相应资质等级的质量检测单位对相应工程部位进行检验。如仍不合格,由项目法人组织有关单位进行研究,并提出处理意见。(4)工程完工后的质量抽检不合格,或其他检验不合格的工程,应按有关规定进行处理,合格后才能进行验收或后续工程施工。

案例(二)

1. 提高混凝土耐久性的主要措施还包括:

(1)严格控制水胶比。

(2)严格控制混凝土所用材料质量,保证材料质量符合相关规范要求。

(3)合理选择集料集配。

(4)在混凝土中添加减水剂和引气剂。

2. 质量缺陷备案的内容包括:质量缺陷产生的部位、原因,对质量缺陷是否处理和如何处理以及对建筑物使用的影响等。

质量缺陷备案表应由监理单位组织填写。

3. 该分部工程质量可以评定为优良。

理由:事件3中的单元工程质量优良率为$9/12 \times 100\% = 75\% > 70\%$,其他条件也满足优良标准。

4. 合同工程完工验收还应具备的条件还包括:

(1)工程质量缺陷已按要求进行处理。

(2)工程完工结算已完成。

(3)施工现场已经进行清理。

(4)需移交项目法人的档案资料已按要求整理完毕。

(5)合同约定的其他条件。

5. 一定运行条件包括:

(1)泵站工程经过一个排水或抽水期。

(2)河道疏浚工程完成后。

(3)其他工程经过6个月(经过一个汛期)至12个月。

【解析】

本案例第1问主要考查提高混凝土耐久性的主要措施。混凝土耐久性是指混凝土在实际使用条件下抵抗各种破坏因素作用,长期保持强度和外观完整性的能力。混凝土耐久性指标一般包括抗渗性、抗冻性、抗碳化性、抗侵蚀性、碱骨料反应等。提高混凝土耐久性的主要措施包括:(1)严格控制水胶比。水胶比对混凝土密实性有很大影响,一般情况下,减小水胶比可提高混凝土抗渗性、抗冻性。为提高混凝土耐久性,必须严格控制水胶比。(2)严格控制混凝土所用材料质量,保证材料质量符合相关规范要求。施工质量管理人员要对混凝土材料质量进行严格把关,如发现不合格材料要禁止在工程中使用。(3)合理选择集料集配。合理的材料集配可保证混凝土在满足和易性的条件下,减少水泥用量,提高密实性。不仅可以提高混凝土耐久性,而且更加经济,节约成本。(4)在混凝土中添加减水剂和引气剂。该方法可减少水泥和水的用量,改善混凝土密实性,提高混凝土抗渗性和抗冻性。(5)提高混凝土施工质量。在混凝土施工过程中,混凝土应搅拌充分、浇筑均匀、振捣密实,同时加强养护。

本案例第2问主要考查质量缺陷备案的规定。根据《水利部印发关于贯彻落实加强公益性水利工程建设管理若干意见的实施意见的通知》,水利工程应建立质量缺陷备案及检查处理制度:(1)对因特殊原因,使得工程个别部位或局部达不到规范和设计要求(不影响使用),且未能及时进行处理的工程质量缺陷问题(质量评定仍为合格),必须以工程质量缺陷备案形式进行记录备案。(2)质量缺陷备案的内容包括:质量缺陷产生的部位、原因,对质量缺陷是否处理和如何处理以及对建筑物使用的影响等。内容必须真实、全面、完整,参建单位(人员)必须在质量缺陷备案表上签字,有不同意见应明确记载。(3)质量缺陷备案资料必须按竣工验收的标准制备,作为工程竣工验收备查资料存档。质量缺陷备案表由监理单位组织填写。(4)工程项目竣工验收时,项目法人必须向验收委员会汇报并提交历次质量缺陷的备案资料。

本案例第3问主要考查分部工程质量评定。根据《水利水电工程施工质量检验与评定规程》,分部工程施工质量同时满足下列标准时,其质量评为合格:(1)所含单元工程的质量全部合格。质量事故及质量缺陷已按要求处理,并经检验合格。(2)原材料、中间产品及混凝土(砂浆)试件质量全部合格,金属结构及启闭机制造质量合格,机电产品质量合格。分部工程施工质量同时满足下列标准时,其质量评为优良:(1)所含单元工程质量全部合格,其中70%以上达到优良,重要隐蔽单元工程以及关键部位单元工程质量优良率达90%以上,且未发生过质量事故。(2)中间产品质量全部合格,混凝土(砂浆)试件质量达到优良

（当试件组数小于30时，试件质量合格）。原材料质量、金属结构及启闭机制造质量合格，机电产品质量合格。

本案例第4问主要考查合同工程完工验收的条件。根据《水利水电建设工程验收规程》，合同工程完工验收应具备以下条件：(1)合同范围内的工程项目已按合同约定完成。(2)工程已按规定进行了有关验收。(3)观测仪器和设备已测得初始值及施工期各项观测值。(4)工程质量缺陷已按要求进行处理。(5)工程完工结算已完成。(6)施工现场已经进行清理。(7)需移交项目法人的档案资料已按要求整理完毕。(8)合同约定的其他条件。合同工程完工验收应包括以下主要内容：(1)检查合同范围内工程项目和工作完成情况。(2)检查施工现场清理情况。(3)检查已投入使用工程运行情况。(4)检查验收资料整理情况。(5)鉴定工程施工质量。(6)检查工程完工结算情况。(7)检查历次验收遗留问题的处理情况。(8)对验收中发现的问题提出处理意见。(9)确定合同工程完工日期。(10)讨论并通过合同工程完工验收鉴定书。

本案例第5问主要考查水利工程竣工验收的条件。根据《水利水电建设工程验收规程》，竣工验收应在工程建设项目全部完成并满足一定运行条件后1年内进行。不能按期进行竣工验收的，经竣工验收主持单位同意，可适当延长期限，但最长不应超过6个月。一定运行条件是指：(1)泵站工程经过一个排水或抽水期。(2)河道疏浚工程完成后。(3)其他工程经过6个月（经过一个汛期）至12个月。

案例(三)

1. 合同价：$1\times4+12\times16+0.5\times380+0.5\times120=446$（万元）。

工程预付款：$446\times10\%=44.60$（万元）。

2. 11月底土方工程量累计完成14万m^3，超出合同工程量12万m^3的15%，达到16.7%，因此，超出部分需要调价。$12\times(1+15\%)=13.8$（万m^3），已完成8万m^3。11月份土方填筑款为：$(13.8-8)\times16+(14-13.8)\times16\times0.9=92.8+2.88=95.68$（万元）。

本月工程进度款为：$95.68+0.3\times380+0.3\times120=245.68$（万元）。

保留金预留为：$245.68\times3\%=7.37$（万元）。

实际付款金额为：$245.68-7.37-(44.60/4)=227.16$（万元）。

3. 参加单位还应当包括设计单位和白蚁防治研究所。

施工单位不能自定分包单位，工程分包应在施工承包合同中约定，或经项目法人书面认可，同意后方可分包，且需与分包单位签订分包合同。

4. 事件1属于勘测问题，责任在建设单位，施工单位可获得10万元补偿。

事件2属于设计问题，责任在建设单位，施工单位可获得1万元补偿。

事件3属于施工问题，施工单位不能获得补偿。

【解析】

本案例第1问主要考查合同价和工程预付款的计算。合同价＝合同工程量×单价$=1\times4+12\times16+0.5\times380+0.5\times120=446$（万元）；开工前，建设单位向施工单位支付的工程预付款按合同价的10%计，则工程预付款为$446\times10\%=44.60$（万元）。

本案例第2问主要考查工程进度价款的结算。合同约定实际完成工程量超过合同工程量的15%时，对超过15%以外部分进行调价，调价系数0.9。土方填筑工程11月底累计完成工程量为$3+5+6=14$（万m^3），超过合同工程量12万m^3的15%以上，故超出部分价款调整。$12\times(1+15\%)=13.8$（万m^3），需调整价款的工程量为$14-13.8=0.2$（万m^3）。11月份土方填筑工程进度款为$0.2\times16\times0.9+(13.8-8)\times16=95.68$（万元）。所以本月工程进度款为$95.68+0.3\times380+0.3\times120=245.68$（万元）；保留金按月工程进度款的3%进行预留：$245.68\times3\%=7.37$（万元）；实际付款金额还应扣除保留金及相应的预付款：$245.68-7.37-(44.60/4)=227.16$（万元）。

本案例第3问主要考查工程分包有关规定。事件1中涉及的变更属于设计变更，需原设计单位或有资质的单位提出设计变更方案。因现场发现白蚁，白蚁防治在我国有专门的机构，即为各地的白蚁防治研究所。根据《水利建设工程施工分包管理规定》，工程分包，是指承包人将其所承包工程中的部分工程发包给具有与分包工程相应资质的其他施工企业完成的活动。工程分包应在施工承包合同中约定，或经项目法人书面认可。承包人和分包人应当依法签订分包合同，并履行合同约定的义务。分包合同必须遵循承包合同的各项原则，满足承包合同中技术、经济条款。承包人应在分包合同签订后7个工作日内，送发包人备案。

本案例第4问主要考查施工索赔。判断索赔是否成立，首先要分析双方是否有合同关系；其次要分析造成损失的责任是哪一方；最后分析索赔项目是否合理。事件1属于勘测问题，责任在建设单位，施工单位可获得10万元补偿；事件2属于设计问题，责任在建设单位，施工单位可获得1万元补偿；事件3属于施工质量问题，责任在施工单位，施工单位不能获得补偿。

案例(四)

1. 不妥之处一：招标单位设置了最低投标限价。

理由：招标人不得规定最低投标限价。

不妥之处二：签订合同后7个工作日内，招标人向未中标的投标人退还投标保证金和利息。

理由：招标人与中标人签订合同后5个工作日内，向中标人和未中标的投标人退还投标保证金及银行同期存款利息。

2. 投诉程序不妥当。

理由：对中标结果有疑问的可先提出异议。若对异议答复不满意可进行投诉。

3. 属于承包人的义务有：工程的维护和照管；保证工程施工和人员的安全；临时设施的管理。

4. 不合理。

理由：合同约定由承包人以银行保函替代预留保证金的，保函金额不得高于工程价款结算总额的3%。

【解析】

本案例第1问主要考查施工招标与投标的相关要求。根据《招标投标法实施条例》，招标人可以自行决定是否编制标底。一个招标项目只能有一个标底。标底必须保密。接受委托编制标底的中介机构不得参加受托编制标底项目的投标，也不得为该项目的投标人编制投标文件或者提供咨询。招标人设有最高投标限价的，应当在招标文件中明确最高投标限价或者最高投标限价的计算方法。招标人不得规定最低投标限价。招标人和中标人应当依照《招标投标法》和《招标投标法实施条例》的规定签订书面合同，合同的标的、价款、质量、履行期限等主要条款应当与招标文件和中标人的投标文件的内容一致。招标人和中标人不得再行订立背离合同实质性内容的其他协议。根据《水利水电工程标准施工招标文件》，招标人与中标人签订合同后5个工作日内，向未中标的投标人退还投标保证金。

本案例第2问主要考查招投标过程提出异议的程序。根据《招标投标法实施条例》，依法必须进行招标的项目，招标人应当自收到评标报告之日起3日内公示中标候选人，公示期不得少于3日。投标人或者其他利害关系人对依法必须进行招标的项目的评标结果有异议的，应当在中标候选人公示期间提出。招标人应当自收到异议之日起3日内作出答复；作出答复前，应当暂停招标投标活动。招标人对招标有异议的，应先提出异议，如仍不满意，可向有关部门投诉。

本案例第3问主要考查发包人和承包人的义务。根据《水利水电工程标准施工招标文件》，发包人义务包括：遵守法律；发出开工通知；提供施工场地；协助承包人办理证件和批件；组织设计交底；支付合同价款；组织竣工验收（组织法人验收）；其他义务。承包人的义务包括：遵守法律；依法纳税；完成各项承包工作（包括临时设施的设计、建造、运行、维护、管理和拆除等）；对施工作业和施工方法的完备性负责；保证工程施工和人员的安全；负责施工场地及其周边环境与生态的保护工作；避免施工对公众与他人的利益造成损害；为他人提供方便；工程的维护和照管；其他义务。

本案例第4问主要考查质量保证金的要求。根据《建设工程质量保证金管理办法》，发包人应按照合同约定方式预留保证金，保证金总预留比例不得高于工程价款结算总额的3%。合同约定由承包人以银行保函替代预留保证金的，保函金额不得高于工程价款结算总额的3%。

全国二级建造师执业资格考试

赠

创新解读

水利水电工程管理与实务

组编　全国二级建造师执业资格考试用书编写组

图书特色

诚意巨作，高频考点精编
创新记忆，科学备考引导

Contents 目录

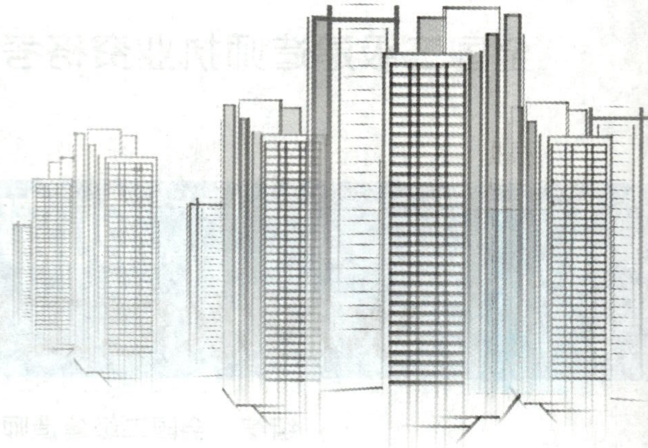

专题一 水利水电工程专业技术

考点 1 水利水电工程分等

根据《水利水电工程等级划分及洪水标准》(SL 252—2017)规定,水利水电工程的等别,应根据其工程规模、效益和在经济社会中的重要性,按下表确定。

工程等别	工程规模	水库总库容/10^8 m^3	防洪			治涝	灌溉	供水		发电
			保护人口/10^4 人	保护农田面积/10^4 亩	保护区当量经济规模/10^4 人	治涝面积/10^4 亩	灌溉面积/10^4 亩	供水对象重要性	年引水量/10^8 m^3	发电装机容量/MW
Ⅰ	大(1)型	≥10	≥150	≥500	≥300	≥200	≥150	特别重要	≥10	≥1 200
Ⅱ	大(2)型	<10,≥1.0	<150,≥50	<500,≥100	<300,≥100	<200,≥60	<150,≥50	重要	<10,≥3	<1 200,≥300
Ⅲ	中型	<1.0,≥0.1	<50,≥20	<100,≥30	<100,≥40	<60,≥15	<50,≥5	比较重要	<3,≥1	<300,≥50
Ⅳ	小(1)型	<0.1,≥0.01	<20,≥5	<30,≥5	<40,≥10	<15,≥3	<5,≥0.5	一般	<1,≥0.3	<50,≥10
Ⅴ	小(2)型	<0.01,≥0.001	<5	<5	<10	<3	<0.5		<0.3	<10

考点 2　水库、水电站及堤防工程永久性水工建筑物级别

水库及水电站工程的永久性水工建筑物级别，应根据其所在工程的等别和永久性水工建筑物的重要性，按下表确定。

工程等别	主要建筑物	次要建筑物	工程等别	主要建筑物	次要建筑物
Ⅰ	1	3	Ⅳ	4	5
Ⅱ	2	3	Ⅴ	5	5
Ⅲ	3	4	—	—	—

水库工程中最大高度超过 200 m 的大坝建筑物，其级别应为Ⅰ级，其设计标准应专门研究论证，并报上级主管部门审查批准。

防洪工程中堤防永久性水工建筑物的级别应根据其保护对象的防洪标准按下表确定。当经批准的流域、区域防洪规划另有规定时，应按其规定执行。

防洪标准/(重现期/年)	≥100	<100，≥50	<50，≥30	<30，≥20	<20，≥10
堤防级别	1	2	3	4	5

考点 3　临时性水工建筑物级别

水利水电工程施工期使用的临时性挡水、泄水等水工建筑物的级别，应根据保护对象、失事后

果、使用年限和临时性挡水建筑物规模，按下表确定。

级别	保护对象	失事后果	使用年限/年	临时性挡水建筑物规模	
				围堰高度/m	库容/10^8 m^3
3	有特殊要求的1级永久性水工建筑物	淹没重要城镇、工矿企业、交通干线或推迟工程总工期及第一台(批)机组发电，推迟工程发挥效益，造成重大灾害和损失	>3	>50	>1.0
4	1级、2级永久性水工建筑物	淹没一般城镇、工矿企业或影响工程总工期和第一台(批)机组发电，推迟工程发挥效益，造成较大经济损失	≤3，≥1.5	≤50，≥15	≤1.0，≥0.1
5	3级、4级永久性水工建筑物	淹没基坑，但对总工期及第一台(批)机组发电影响不大，对工程发挥效益影响不大，经济损失较小	<1.5	<15	<0.1

当临时性水工建筑物根据上表中指标分属不同级别时，应取其中最高级别。但列为3级临时性水工建筑物时，符合该级别规定的指标不得少于两项。

利用临时性水工建筑物挡水发电、通航时，经技术经济论证，临时性水工建筑物级别可提高一级。

考点 4　水库的特征水位

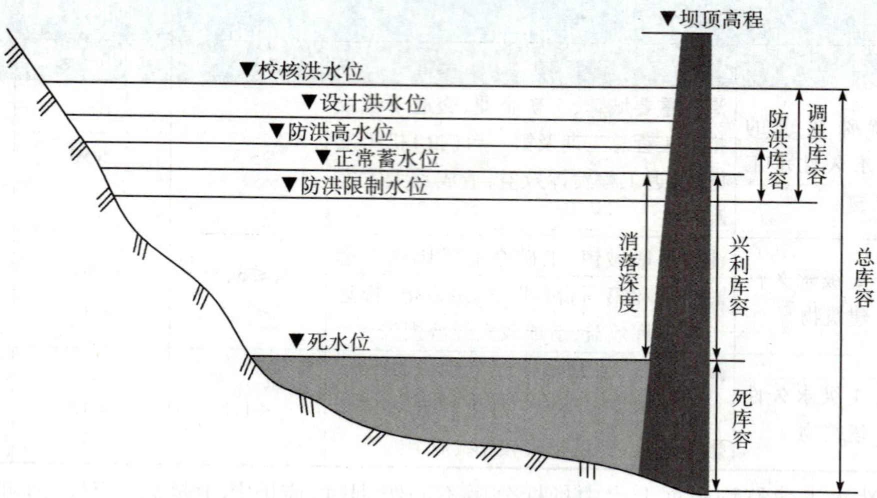

考点 5　水利水电工程的合理使用年限及耐久性要求

水利水电工程合理使用年限见下表(单位/年),对于综合利用的水利水电工程,当按各综合利用项目确定的合理使用年限不同时,其使用年限应按最高的年限确定。

工程等别	工程类别					
	水库	防洪	治涝	灌溉	供水	发电
Ⅰ	150	100	50	50	100	100
Ⅱ	100	50	50	50	100	100
Ⅲ	50	50	50	50	50	50
Ⅳ	50	30	30	30	30	30
Ⅴ	50	30	30	30	—	30

水工建筑物所处的侵蚀环境条件可按下表分为五个类别。

环境类别	环境条件
一	室内正常环境
二	室内潮湿环境;露天环境;长期处于水下或地下的环境
三	淡水水位变化区;有轻度化学侵蚀性地下水的地下环境;海水水下区
四	海上大气区;轻度盐雾作用区;海水水位变化区;中度化学侵蚀性环境
五	使用除冰盐的环境;海水浪溅区;重度盐雾作用区;严重化学侵蚀性环境

考点6　水利水电工程耐久性的材料要求

混凝土坝、碾压混凝土坝等大体积混凝土材料应满足下列要求：

（1）应采用合适的混凝土原材料，提高混凝土的密实性，改善混凝土性能。应优先选用中热硅酸盐水泥或发热量较低的硅酸盐水泥。

（2）混凝土水胶比根据混凝土分区或部位宜按规定确定。碾压混凝土的水胶比应小于0.70。

（3）基础混凝土强度等级不应低于C15，过流表面混凝土强度等级不应低于C30。碾压混凝土坝表层混凝土强度等级不应低于$C_{180}15$，上游面防渗层混凝土强度等级不应低于$C_{180}20$且宜优先采用二级配碾压混凝土。

对可能发生碱骨料反应的混凝土，宜采用掺加活性掺合料作为抑制措施。掺合料的种类、掺量应通过抑制试验确定，宜采用大掺量矿物掺合料。单掺磨细矿渣粉的掺量不宜少于50%，单掺粉煤灰掺量不宜少于20%，并应降低水泥和矿物掺合料中的碱含量和粉煤灰中的游离氧化钙含量。

考点7　土石坝构造

土石坝按其坝高可分为低坝、中坝和高坝，高度在30 m以下（不含30 m）的为低坝，高度在30～70 m为中坝，高度在70 m以上（不含70 m）为高坝。

坝顶宽度应根据构造、施工、运行管理和抗震等因素确定。高坝的顶部宽度可选用10～20 m，中、低坝可选用5～10 m。

坝顶面可向上游、下游侧或下游侧放坡，坡度宜根据降雨强度在2%～3%选择，并应做好向下游的排水系统。

坝顶上游侧宜设防浪墙，墙顶应高于坝顶 1.00 ~ 1.20 m，墙底应与防渗体紧密结合。

考点 8　土石坝排水

土石坝排水体应能降低浸润线和孔隙压力，改变渗流方向，防止渗流出逸处产生渗透变形，保护坝坡土不产生冻胀破坏。

坝体排水形式最常用棱体排水和贴坡排水，其排水体具体特点如下：

（1）棱体排水体，可以降低坝体浸润线，防止坝坡土的渗透破坏和冻胀，在下游有水条件下可防止波浪淘刷（保护下游坝脚），还可与坝基排水相结合，在坝基强度较大时，可以增加坝坡的稳定性，是均质坝常用的排水设备，但需要的块石较多，造价较高，且与坝体施工有干扰，检修较困难。

（2）贴坡排水体，可以防止坝坡土发生渗透破坏，保护坝坡免受下游波浪淘刷，与坝体施工干扰较小，易于检修，但不能有效地降低浸润线。要防止坝坡冻胀，需要将反滤层加厚到超过冻结深度。贴坡排水顶部应高于坝体浸润线的逸出点。

棱体排水顶部高程应超过波浪沿坡面的爬高，坝体浸润线距坝面的距离应大于该地区的冻深。贴坡排水顶部高程高于坝体浸润线出逸点的高度，应超过波浪沿坡面的爬高，应满足坝体浸润线在该地区的冻深以下。

考点 9　土石坝防渗体

土石坝防渗体的主要作用有降低浸润线、减少通过坝体的渗流量、增加下游坝坡的稳定性、减少通过坝基的渗流量、降低渗透坡降、防止渗透变形等。

土质防渗体顶部和土质斜墙上游应设保护层。保护层厚度应不小于该地区的冻结和干裂深度，还应满足施工的需要。

考点10　重力坝分类和安全加高

根据筑坝材料的不同，重力坝可分为混凝土重力坝和浆砌石重力坝。其中，混凝土重力坝按坝高分为低坝、中坝、高坝，坝高在30 m以下为低坝，坝高在30～70 m(含30 m和70 m)为中坝，坝高在70 m以上为高坝；按混凝土的施工方式可分为浇筑式混凝土重力坝和碾压式混凝土重力坝。

重力坝坝顶安全加高如下表所示。

相应水位	坝的级别		
	1级	2级	3级
正常蓄水位	0.7	0.5	0.4
校核洪水位	0.5	0.4	0.3

考点11　重力坝构造

防浪墙宜采用与坝体连成整体的钢筋混凝土结构，墙身有足够的厚度以抵抗波浪及漂浮物的冲击，在坝体横缝处应留伸缩缝，并设止水，墙身高度可取1.2 m。坝顶下游侧宜设置相当于栏杆作用(挡墙)的其他防护措施。

坝顶用作公路时，公路侧的人行道宜高出坝顶路面0.3 m。

重力坝分缝的作用是为了满足混凝土浇筑施工要求，避免因为地基不均匀沉降和温度发生变化而导致坝体出现裂缝。横缝间距宜为15～20 m。纵缝间距宜为15～30 m。

考点 12 水闸构造

水闸的组成部分包括上游连接段、闸室(主体)和下游连接段。

(1)上游连接段。一般包括上游翼墙、铺盖、上游护底、上游两岸护坡和上游防冲槽等。

(2)闸室。一般设有底板、闸门、启闭机、闸墩、胸墙、工作桥、交通桥等。

(3)下游连接段。一般包括护坦(包括消力池)、海漫、下游翼墙、下游两岸护坡和下游防冲槽等。

上述组成部分中,上游翼墙、铺盖、闸墩、胸墙、护坦、下游翼墙的作用如下:

(1)上游翼墙的作用是引导水流平顺而均匀地进闸,并兼有挡土及侧向防渗作用。

(2)铺盖的作用是增加防渗长度,减小底板扬压力,同时也可以防止上游河底冲刷。

(3)闸墩的作用是分隔闸孔并支承闸门、工作桥等上部结构。

(4)胸墙的作用是挡水。

(5)护坦的作用是消能和防冲。

(6)下游翼墙的作用是引导水流出闸,使水流均匀扩散,并兼有挡土及侧向防渗作用。

考点 13 橡胶坝类型

橡胶坝的类型如下表所示。

分类依据	类型
坝型	帆式橡胶坝、袋式橡胶坝和钢柔混合结构式橡胶坝。其中,袋式橡胶坝较为常用
充胀介质	充水式橡胶坝、充气式橡胶坝和气水混合式橡胶坝

（续表）

分类依据	类型
安装形式	直墙式橡胶坝和斜坡式橡胶坝
锚固形式	锚固橡胶坝和无锚固橡胶坝。其中，锚固橡胶坝按布置方式又可分为单线锚固橡胶坝和双线锚固橡胶坝

考点 14　泵站及水泵

泵站进出水建筑物主要包括引渠、前池及进水池、出水管道、出水池及压力水箱等。

当水流含沙量较大时，还应在进水口前增设拦沙设施、沉沙池和冲沙口门等建筑物。根据水流进流方向的不同，可将泵站前池分为正向进水前池和侧向进水前池等；根据水流出流方向的不同，可将泵站出水池分为正向出水池和侧向出水池等。

根据工作原理的不同，水泵可分为叶片式水泵（靠叶片高速旋转传递能量）、容积式水泵（靠工作时容积大小往复变化传递能量）和其他类型水泵。叶片式水泵包括离心泵（单级单吸式离心泵、单级双吸式离心泵、多级式离心泵、自吸式离心泵）、轴流泵、混流泵（蜗壳式混流泵、导叶式混流泵）等；容积式水泵包括活塞式往复泵、转子泵等；其他类型水泵包括螺旋泵、射流泵（又称水射器）、水锤泵、水轮泵以及气升泵等。轴流泵按叶片可调节角度可分为全调节式轴流泵、半调节式轴流泵和固定式轴流泵；按泵轴安装方式可分为立式轴流泵、卧式轴流泵和斜式轴流泵。

水泵是一种能量转换的机器，在能量转换过程中定会伴随能量的损失，其转换的量度就是效率。水泵内的能量损失可分为三部分，即水力损失、容积损失和机械损失。

考点 15 工程地质条件

1. 地质构造

岩层产状是指即岩层的产出状态，由倾角、走向和倾向构成岩层在空间产出的状态和方位的总称。除水平岩层成水平状态产出外，一切倾斜岩层的产状均以其走向、倾向和倾角表示，称为岩层产状三要素。岩层层面与任一假想水平面的交线称为走向线；层面上与走向线垂直并沿斜面向下所引的直线叫倾斜线，倾斜线在水平面上的投影所指示的方向称为岩层的倾向；层面上的倾斜线和它在水平面上投影的夹角称为倾角。

断裂构造是岩石破裂的总称，它包括断层和节理。节理也称为裂隙，是岩体受力断裂后两侧岩块没有显著位移的小型断裂构造。断层是岩层或岩体顺破裂面发生明显位移的构造，断层又分为正断层、逆断层和平移断层。

2. 地形地貌

地形是指地表以上分布的固定物体所共同呈现出的高低起伏的各种状态，一般用地形图表示。地形图可反映山脉水系、人工建筑物、森林植被、地表形态、自然景物、地势高低、高程的分布等。

地貌是地表各种形态的总称，一般用地貌图表示。地貌图可反映地表形态的成因、发育程度、类型及各种起伏状态等。

考点16 水利水电工程测量

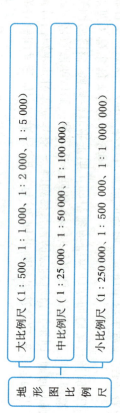

地形图比例尺
- 大比例尺（1∶500、1∶1 000、1∶2 000、1∶5 000）
- 中比例尺（1∶25 000、1∶50 000、1∶100 000）
- 小比例尺（1∶250 000、1∶500 000、1∶1 000 000）

水准仪型号都以DS开头，其后“05”“1”“3”“10”等数字表示该仪器的精度。DS3级和DS10级水准仪称为普通水准仪，用于我国三、四等水准测量及普通水准测量；DS05级和DS1级水准仪称为精密水准仪，用于我国一、二等水准测量及精密水准测量。

水准仪的主要组成部分包括水准器、望远镜和基座。基座装有3个脚螺旋，作用是对仪器进行粗略整平。水准仪的使用包括水准仪的安置、粗平、瞄准、精平、读数五个步骤。

经纬仪按精度从高精度到低精度分为DJ07，DJ1，DJ2，DJ6，DJ30五个等级。

全站仪即全站型电子测距仪，是一种集光、机、电为一体的高技术测量仪器，是集水平角、垂直角、距离（斜距、平距）、高差测量功能于一体的测绘仪器系统。

卫星定位系统包括GPS、北斗卫星导航系统、伽利略定位系统、格洛纳斯卫星导航系统，其能为用户提供精密的时间、速度和三维坐标。

施工放样应遵循由整体到局部、先控制后碎部的原则，由建筑物主轴线确定建筑物细部相对位置，测设细部的精度应比测设主轴线的精度高，各细部的测设精度要求不一样。

测量误差主要分为三大类：系统误差、偶然误差、粗大误差。

考点 17 混凝土的质量要求

混凝土骨料（又称集料）是指在混凝土中起骨架或填充作用的粒状松散材料，分为粗骨料和细骨料。粗骨料指卵石、碎石等，细骨料指天然砂、人工砂等。粒径大于 4.75 mm 的骨料称为粗骨料。粒径在0.15～4.75 mm 之间的骨料称为细骨料。

细度模数（M_x）是表征天然砂粒径的粗细程度及类别的指标。细度模数越大，表示砂越粗。粗砂：M_x 为3.1～3.7，平均粒径为0.5 mm 以上；中砂：M_x 为2.3～3.0，平均粒径为0.35～0.5 mm；细砂：M_x 为1.6～2.2，平均粒径为0.25～0.35 mm；特细砂：M_x 为0.7～1.5，平均粒径为0.25 mm 以下。

混凝土耐久性指标一般包括：抗冻性（F50、F100、F150、F200、F250、F300、F400）、抗渗性（W2、W4、W6、W8、W10、W12）、抗侵蚀性、抗冲磨性、抗混凝土的碳化（中性化）、抗碱骨料反应。

骨料常有的几种含水状态包括：

（1）干燥状态（绝干状态），指内外均不含水时的状态。计算混凝土配合比时，集料的含水状态基准一般为干燥状态。

（2）气干状态，指与大气湿度达到平衡时的状态。

（3）饱和面干状态，指集料内部孔隙含水达到饱和但其表面干燥时的状态。计算大型水利工程混凝土配合比时，集料的含水状态基准一般为饱和面干状态。

（4）湿润状态，指表面含有明显水分时的状态。

混凝土骨料试验时，应从料堆自上而下的不同方向均匀选取测点，砂料选取 8 个点，石料选取 15 个点。若试验结果符合相关规定要求，则判定该批次产品合格。若有一项指标不符合规定时，应进行复验，取样时从同批次产品中加倍取样。复验结果符合规定，则该批次产品合格，否则不合格。若有两项以上试验结果不符合规定，则判定该批次产品不合格。

考点 18　胶凝材料和混凝土外加剂

1. 胶凝材料

根据化学组成的不同，胶凝材料可分为无机与有机两大类。石灰、石膏、水泥等属于无机胶凝材料；而沥青、天然或合成树脂等属于有机胶凝材料。无机胶凝材料按其硬化条件的不同又可分为气硬性和水硬性两类。其中，只能在空气中硬化、保持和发展其强度的称为气硬性胶凝材料，如石灰、石膏和水玻璃等。

石灰的特点包括耐水性差、强度低、体积收缩大、可塑性好。

水泥试验主要包括标准稠度用水量试验、细度试验、凝结时间试验、体积安定性及强度试验、水化热试验。其中，工程建设中的必检项目是体积安定性及强度试验；水化热试验是大体积混凝土所需进行的试验。水泥试验一般采用饮用水，对于重要试验和仲裁试验需采用蒸馏水。

2. 混凝土外加剂

混凝土外加剂按其主要使用功能分为：

（1）改善混凝土拌和物流变性能的外加剂，如各种减水剂和泵送剂等。

（2）调节混凝土凝结时间、硬化过程的外加剂，如缓凝剂、早强剂、促凝剂和速凝剂等。

（3）改善混凝土耐久性的外加剂，如引气剂、防水剂和阻锈剂等。

（4）改善混凝土其他性能的外加剂，如膨胀剂、防冻剂和着色剂等。

在混凝土拌和料中掺入高效减水剂后，在保持流动性和水泥用量不变的情况下，可以使混凝土拌和用水量减少、水胶比降低、强度提高，减水剂可通过同掺法、分掺法和后掺法掺入；缓凝剂主要用于大体积混凝土、在炎热气候施工的混凝土,以及需长距离运输或长时间停放的混凝土;早强剂多用于抢修工程和冬季施工的混凝土;引气剂不宜用于蒸养混凝土和预应力钢筋混凝土;氯盐类防冻剂主要用于无筋混凝土。

考点19 钢筋和土工合成材料

1. 钢筋

钢筋按强度可分为Ⅰ级钢筋、Ⅱ级钢筋、Ⅲ级钢筋和Ⅳ级钢筋。钢筋的级别与强度成正比,与塑性成反比,即钢筋级别越大,钢筋的强度越高,塑性越低。Ⅲ级钢筋和Ⅳ级钢筋属于高强度钢筋。

含碳量低于0.25%的钢筋为低碳钢钢筋;含碳量为0.25%~0.60%的钢筋为中碳钢钢筋;含碳量为0.60%~1.40%的钢筋为高碳钢钢筋。

有物理屈服点的钢筋含碳量低,塑性好,延伸率大,如热轧钢筋、冷拉热轧钢筋等。基本指标包括屈服强度、延伸率、屈强比、冷弯性能。其中,屈服强度是钢筋强度的设计依据。其质量检验的项目包括屈服强度、极限强度、伸长率和冷弯性能。

无物理屈服点的钢筋含碳量多,强度高,塑性差,延伸率小,无屈服台阶,脆性破坏,如钢丝、钢绞线、热处理(使钢筋强度能较大幅度提升)钢筋等。其质量检验的项目包括极限强度、伸长率和冷弯性能,以极限强度作为主要强度指标。

2. 土工合成材料

土工合成材料是指工程建设中应用的与土、岩石或其他材料接触的聚合物材料(含天然的)的总称,包括土工织物、土工膜、土工复合材料、土工特种材料。常见的土工特种材料有土工格栅、土工带、土工格室、土工网、土工模袋、土工网垫、土工合成材料膨润土防渗垫、土工管、土工包等。

土工合成材料的功能主要有反滤和排水、隔离、防渗、防护、加筋。

软式排水管可应用于各种排水工程；塑料排水带可应用于软基加固工程（如码头、水闸等）；土工格栅可应用于加筋工程；土工格室可应用于软弱地基、沙漠固沙和护坡工程；土工网具有抗拉强度较低、延伸率较高的特点，常用于软弱地基加固垫层、坡面防护、植草以及用来制造组合土工材料；土工模袋可应用于护坡工程；土工合成材料膨润土防渗垫可应用于土木工程、水利工程中的密封或防渗设计；土工管、土工包可应用于崩岸抢险、堆筑堤防和护岸工程。

考点 20 施工导流及围堰型式

施工导流可划分为一次拦断河床围堰导流方式和分期围堰导流方式。与其配合的泄水方式可分为：隧洞导流、明渠导流、涵管导流、淹没基坑法导流，以及施工过程中的坝体底孔导流、缺口导流和不同泄水建筑物组合导流方式等。

河谷狭窄的坝址宜采用一次拦断河床围堰导流方式。河流流量大、河槽宽、覆盖层薄的坝址宜采用分期围堰导流方式。

河流流量大、河床一侧有较宽台地、汊河、垭口或古河道的坝址宜优先选用明渠导流方式。隧洞导流适用于两岸陡峻、山岩坚硬、风化层薄、河谷狭窄的山区河流或有永久性隧洞可供利用的情况。涵管导流多用于中小型土石坝工程。

围堰型式可分为土石围堰、混凝土围堰、钢板桩围堰等。不同围堰型式应符合下列要求：

> 土石围堰能充分利用当地材料，对地基适应性强，施工工艺简单，应优先选用

混凝土围堰应优先选用重力式碾压混凝土结构。河谷狭窄且地质条件良好的堰址可采用混凝土拱型围堰

装配式钢板桩格型围堰适用于在岩石地基或混凝土基座上建造，其最大挡水水头不宜大于 30 m；打入式钢板桩围堰适用于细砂砾石层地基，其最大挡水水头不宜大于 20 m

考点 21　汛期施工抢险技术

堤坝漏洞一般指渗流通过堤坝的漏水通道，从背水坡溢出的现象。堤坝漏洞险情进水口的探测方法有：

水面观察法	◇对于漏洞较大的情况，其进口附近的水面常出现漩涡，若漩涡不太明显，可在水面上撒些泡沫塑料、碎草、谷糠、木屑等易漂浮物，若发生旋转或集中现象，则表明进水口可能在其下面
潜水探漏	◇当风大流急，在水面难以观察其漩涡时，为了进一步摸清险情，可在初步判断的漏洞进口大致范围内，派有经验的潜水员下水探摸，确定漏洞离水面的深度和进口的大小
投放颜料观察水色	◇在漏洞迎水侧适当位置，将有色液体倒入水中，并观察漏洞出口的渗水。如有相同颜色的水溢出，即可断定漏洞进口的大致范围

根据漏洞的位置和大小，常用盖堵、塞堵和戗堤等抢护方法。其中，当堤防临水坡洞口较多、范围较大、进水口找不准，或找不全时，常用戗堤法进行抢堵。

管涌一般用砂石反滤围井法、土工织物反滤围井法、梢料反滤围井法和反滤层压盖法等进行抢护。

漫溢常用的抢护方法为在堤顶上加筑子堤（子堰），子堰的堰顶高要超出预测推算的最高洪水位，做到子堰不过水，但从堤身稳定考虑，子堰也不宜过高。

考点22 施工截流

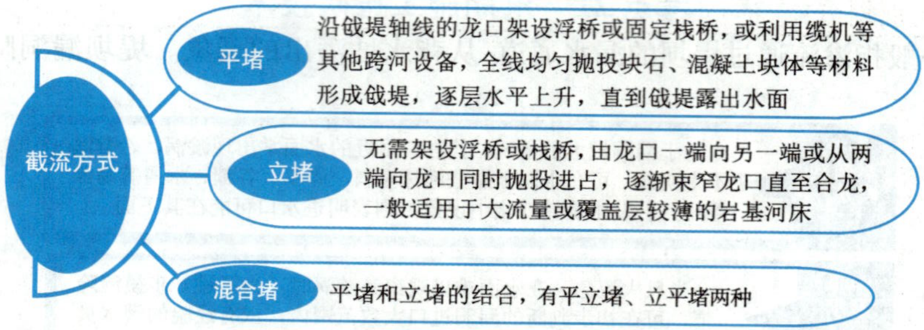

截流方式应综合分析水力学参数、施工条件和截流难度、抛投材料数量和性质、抛投强度等因素，进行技术经济比较，并应根据下列条件选择：

（1）截流落差不超过4.0 m和流量较小时，宜优先选择单戗立堵截流。当龙口水流能量较大，流速较高，应制备重大抛投材料。

（2）截流流量大且落差大于4.0 m和龙口水流能量较大时，可采用双戗、多戗或宽戗立堵截流。

确定龙口宽度及位置应遵守下列原则：截流龙口位置宜设于河床水深较浅、河床覆盖层较薄或基岩裸露部位；应考虑进占堤头稳定及河床冲刷因素，保证预进占段裹头不发生冲刷破坏；龙口工程量小；龙口预进占戗堤布置应便于施工。

确定截流龙口宽度及其防护措施的主要依据有龙口流量和龙口抗冲流速。

考点23　土方开挖

1. 土的分类

土类开挖级别划分应符合下表的规定。

土类级别	土类名称	天然湿度下平均容重/(kN/m^3)	外形特征	开挖方式
Ⅰ	1. 砂土 2. 种植土	16.5～17.5	疏松，黏着力差或易透水，略有黏性	用锹或略加脚踩开挖
Ⅱ	1. 壤土 2. 淤泥 3. 含壤种植土	17.5～18.5	开挖时能成块，并易打碎	用锹需用脚踩开挖
Ⅲ	1. 黏土 2. 干燥黄土 3. 干淤泥 4. 含少量砾石黏土	18.0～19.5	黏手，看不见砂粒或干硬	用镐、三齿耙开挖或用锹需用力加脚踩开挖
Ⅳ	1. 坚硬黏土 2. 砾质黏土 3. 含卵石黏土	19.0～21.0	土壤结构坚硬，将土分裂后成块状或含黏粒砾石较多	用镐、三齿耙工具开挖

2. 装载机分类

装载机按装载质量分为小型(<1 t)、轻型(1~3 t)、中型(4~9 t)和重型(>10 t);按功率分为小型(<74 kW)、中型(74~147 kW)、大型(147~515 kW)、特大型(>515 kW)。

3. 人工开挖

当不具备机械开挖条件或机械设备不充裕时,可采用人工开挖。人工开挖土方时,采用分层下挖的方式,在临近设计高程处应预留出厚度为0.2~0.3 m的建基面保护层,等到上部结构施工时,再将该保护层挖除。

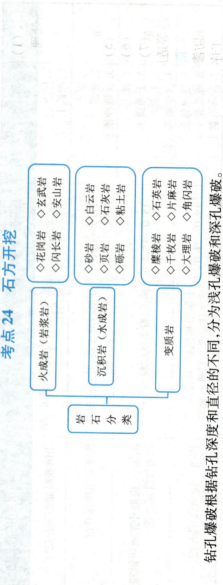

考点24　石方开挖

岩石分类

- 火成岩(岩浆岩):◇花岗岩 ◇玄武岩 ◇闪长岩 ◇安山岩
- 沉积岩(水成岩):◇砂岩 ◇白云岩 ◇页岩 ◇石灰岩 ◇砾岩 ◇粘土岩
- 变质岩:◇糜棱岩 ◇石英岩 ◇千枚岩 ◇片麻岩 ◇大理岩 ◇角闪岩

钻孔爆破根据钻孔深度和直径的不同,分为浅孔爆破和深孔爆破。

预裂爆破是指沿开挖边界布置密集炮孔，采取不耦合装药或装填低威力炸药，在主爆区之前起爆，从而在爆区与保留区之间形成预裂缝，以减弱主爆孔爆破对保留岩体的破坏并形成平整轮廓面的爆破作业。

光面爆破是指沿开挖边界布置密集炮孔，采取不耦合装药或装填低威力炸药，在主爆区之后起爆，以形成平整的轮廓面的爆破作业。

考点 25　地基处理与防渗墙施工

1. 地基处理方法

(1)置换法、排水法、挤实法、桩基础、高压喷射灌浆、开挖等方法适用于水利水电工程软土地基处理。

(2)强夯法、预浸法、垫层法、桩基础、重锤夯实法等适用于水利水电工程湿陷性黄土地基处理。

(3)帷幕灌浆、防渗墙、设水平铺盖、开挖等方法适用于砂砾石地基处理。

(4)预浸法、置换法等适用于膨胀土地基处理。

(5)灌浆法、开挖回填法等适用于岩基处理。

(6)帷幕灌浆、回填法(回填碎石、片石)适用于岩溶地段地基处理。

(7)换填法(基底换填碎石垫层)、保温法(设隔热板、铺复合土工膜)、排水隔水法(设渗水暗沟)等适用于冻土地基处理。

2. 防渗墙质量检查

防渗墙质量检查程序应包括工序质量检查和墙体质量检查。

工序质量检查应包括造孔、终孔、清孔、接头处理、混凝土浇筑(包括钢筋笼、预埋件、观测仪器安装埋设)等检查。

墙体质量检查应在成墙后 28 d 进行,检查内容为必要的墙体物理力学性能指标、墙段接缝和可能存在的缺陷。检查可采用钻孔取芯、注水试验或其他检测等方法。注水试验按照《水利水电工程注水试验规程》(SL 345)的规定进行。检查孔的数量宜为每 15 ~ 20 个槽孔一个,位置应具有代表性。遇有特殊要求时,可酌情增加检测项目及检测频率,固化灰浆和自凝灰浆的质量检查可在合适龄期进行。

考点 26　灌浆技术

灌浆的方法主要有回填灌浆、固结灌浆、帷幕灌浆、接缝灌浆、接触灌浆等。

灌浆施工中的主要工序包括钻孔、钻孔(裂隙)冲洗、压水试验、灌浆、回填封孔、质量检查等。

根据《水工建筑物水泥灌浆施工技术规范》,基岩固结灌浆中,可在各序孔中选取不少于 5% 的灌浆孔(段)在灌浆前进行简易压水试验。简易压水试验可与裂隙冲洗合并进行。简易压水试验应采用单点法进行。

基岩固结灌浆应按分序加密的原则进行。同一区段或坝块内,周边孔应先行施工。其余部位灌浆孔排与排之间和同一排孔孔与孔之间,可分为二序施工,也可只分排序不分孔序或只分孔序不分排序。

按照同一钻孔内的钻灌顺序,有全孔一次钻灌和全孔分段钻灌两种方法。

化学灌浆是在水泥灌浆基础上发展起来的新型灌浆方法。化学灌浆的施工工序为钻孔、压水试验、钻孔(裂缝)处理、埋设注浆嘴和回浆嘴、封闭、注水、灌浆。

考点 27　土石方填筑

1. 土方压实参数

土料填筑压实参数除含水量外，还包括压实机械的重量、碾压遍数和铺土厚度等。对于振动碾压实参数还包括振动碾的振动频率和行走速率等。

塑限是指黏性土处于可塑状态与半固体状态之间的界限含水率，也就是可塑状态的下限含水率，用 ω_p 表示。

2. 堆石坝坝体填筑

一般把堆石坝坝体材料分为垫层料区、过渡料区、主堆石料区、下游堆石料区（次堆石料区）材料等。垫层料、过渡料和主堆石料的填筑宜平起施工，均衡上升。坝料应按照先主堆石料、后过渡料、再垫层料的顺序填筑，并清除边坡界面的分离料。主堆石体、下游堆石体可分区、分期填筑，其纵、横坡面上均可布置临时施工道路。

堆石坝坝体堆石料铺筑宜采用进占法，必要时可采用后退法与进占法结合卸料；垫层料、过渡料宜采用后退法。

考点 28　模板与钢筋工程

模板的设计参数，如下表所示。

设计参数	基本内容
基本荷载	荷载 1 为模板自身重力；荷载 2 为新浇混凝土的重力；荷载 3 为钢筋和预埋件的重力；荷载 4 为工作人员及仓面机具的重力；荷载 5 为振捣混凝土时产生的荷载；荷载 6 为新浇混凝土的侧压力；荷载 7 为新浇混凝土的浮托力；荷载 8 为混凝土卸料时产生的荷载

（续表）

设计参数	基本内容
特殊荷载	荷载 9 为风荷载
	以上 9 项荷载以外的其他荷载
抗倾稳定性	承重模板的抗倾稳定性应该进行倾覆力矩、稳定力矩和抗倾稳定系数的核算，其中抗倾稳定系数应大于 1.4

不承重的侧面模板，混凝土强度达到 2.5 MPa 以上，保证其表面及棱角不因拆模而损坏时，方可拆除。

钢筋混凝土结构的承重模板，混凝土达到下表规定强度后（按混凝土设计强度标准值的百分率计），方可拆除。

构件类型	构件跨度/m	达到混凝土设计强度标准值的百分率/%
悬臂板、梁	$l \leq 2$	75
	$l > 2$	100
其他板、梁、拱	$l \leq 2$	50
	$2 < l \leq 8$	75
	$l > 8$	100

在大体积混凝土浇筑时，应严格控制浇筑质量，对于成型后的混凝土块，其偏差不应超过木模安装允许偏差的50%～100%。

钢筋接头应分散布置，宜设置在受力较小处，同一构件中的纵向受力钢筋接头宜相互错开，结构构件中纵向受力钢筋的接头应相互错开35d（d为纵向受力钢筋的较大直径），且不小于500 mm。

配置在同一截面内的下述受力钢筋，其焊接与绑扎接头的截面面积占受力钢筋总截面面积的百分比，应符合下列规定：

（1）绑扎接头，在构件的受拉区中不超过25%，在受压区不宜超过50%。

（2）闪光对焊、熔槽焊、电渣压力焊、气压焊、窄间隙焊接头在受弯构件的受拉区，不超过50%，在受压区不受限制。

（3）焊接与绑扎接头距离钢筋弯头起点不小于10d，也不应位于最大弯矩处。

考点29　混凝土拌制与浇筑

混凝土组成材料的配料量均应以质量计，计量单位为“kg”，称量的允许偏差见下表。

材料名称	称量允许偏差/%
水泥、掺合料、水、冰、外加剂溶液	±1
砂、石	±2

混凝土拌合方式中的二次投料法可分为预拌水泥砂浆法和预拌水泥净浆法。

混凝土振捣应在平仓后立即进行。用振捣器振捣混凝土，应在仓面上按一定顺序和间距，逐点插入进行振捣。振捣器的类型主要包括平仓振捣机、插入式振捣器、外部式振捣器（适用于结构尺寸较小、钢筋密集的结构，如柱、墙）、表面式振捣器（适用于薄层混凝土）、振动台。

施工缝是指浇筑块之间新老混凝土之间的结合面。为了保证建筑物的整体性，在新混凝土浇筑前，必须将老混凝土表面的水泥膜（又称乳皮）清除干净，并使其表面新鲜整洁、有石子半露的麻面，以利于新老混凝土的紧密结合。采用风砂枪对施工缝打毛时，通常在浇筑后 1 ~ 2 天进行；采用高压水冲毛时，可根据外部温度情况在浇筑后 5 ~ 20 h 进行。对于纵缝，可不进行凿毛处理，但应冲洗干净。

考点 30　止水施工

止水带施工应符合下列规定：

（1）铜止水带宜采用带材在现场加工，以减少接头。加工模具、加工工艺方法应确保尺寸准确和止水带不被破坏。

（2）橡胶止水带接头宜采用硫化连接，PVC 止水带接头应采用焊接连接。

（3）铜止水带的接头焊接宜采用搭接或对接在双面进行，搭接长度应大于 20 mm。双面焊接实施困难时，应采用单面焊接两遍进行。焊接应采用黄铜焊条。

（4）止水带的安装应符合设计要求，止水带的中心变形部分安装误差应小于 5 mm。

（5）施工中应封闭开敞型止水带的开口，防止杂物填塞开口。

（6）采用紧固件固定止水带时，紧固件必须密闭、可靠，宜将紧固件浇筑在混凝土中。采用螺栓固定止水带时，宜用锚固剂回填螺栓孔。紧固件应采取防锈措施。

（7）止水带周围的混凝土施工时，应防止止水带移位、损坏、撕裂或扭曲。止水带水平铺设时，应确保止水带下部的混凝土振捣密实。

考点 31　堤防工程测量放线

堤防工程基线相对于邻近基本控制点，平面位置允许误差为 ±50 mm，高程允许误差为 ±30 mm。

堤防断面放样、立模、填筑轮廓，宜根据不同堤型相隔一定距离设立样架，其测点相对设计的限值误差，平面为 ±50 mm，高程为 ±30 mm，堤轴线点为 ±30 mm。高程误差为负值的测点不得连续出现，并不允许超过总测点的 30%。

堤防基线的永久标石、标架埋设应牢固，施工中应严加保护，并及时检查维护，定时核查、校正。

堤身放样时，应根据设计要求预留堤基、堤身的沉降量。

考点 32　水闸工程施工变形监测

变形监测的正负应按下列规定采用：

（1）垂直位移：下沉为正，上升为负。

（2）水平位移：向下游为正，向左岸为正，反之为负。

（3）水闸闸墩水平位移：向闸室中心为正，反之为负。

（4）倾斜：向下游转动为正，向左岸转动为正，反之为负。

（5）接缝和裂缝开合度：张开为正，闭合为负。

考点33 施工现场道路安全要求

施工生产区内机动车辆临时道路纵坡不宜大于8%，进入基坑等特殊部位的个别短距离地段最大纵坡不应超过15%；道路最小转弯半径不应小于15 m；路面宽度不应小于施工车辆宽度的1.5倍，且双车道路面宽度不宜窄于7.0 m，单车道不宜窄于4.0 m；单车道应在可视范围内设有会车位置；在急弯、陡坡等危险路段及叉路、涵洞口应设有相应警示标志。

施工现场临时性桥梁，应根据桥梁的用途、承重载荷和相应技术规范进行设计修建，并符合以下要求：

(1)宽度应不小于施工车辆最大宽度的1.5倍；

(2)人行道宽度应不小于1.0 m，并应设置防护栏杆。

考点34 施工现场消防安全要求

根据施工生产防火安全的需要，合理布置消防通道和各种防火标志，消防通道应保持通畅，宽度不应小于3.5 m。

挥发性的易燃物质，不应装在开口容器及放在普通仓库内。装过挥发油剂及易燃物质的空容器，应及时退库。

闪点在45 ℃以下的桶装、罐装易燃液体不应露天存放，存放处应有防护栅栏，通风良好。

施工生产作业区与建筑物之间的防火安全距离，应遵守下列规定：

(1)用火作业区距所建的建筑物和其他区域不应小于25 m；

(2)仓库区、易燃、可燃材料堆集场距所建的建筑物和其他区域不应小于20 m；

(3)易燃品集中站距所建的建筑物和其他区域不小于30 m。

加油站、油库应遵循下列规定：

(1)独立建筑，与其他设施、建筑之间的防火安全距离应不小于 50 m；

(2)周围应设有高度不低于 2.0 m 的围墙、栅栏；

(3)罐体应装有呼吸阀、阻火器等防火安全装置；

(4)应使用防爆型动力和照明电器设备；

(5)应配备相应数量的泡沫、干粉灭火器和砂土等灭火器材；

(6)库区内道路应为环形车道，路宽应≥3.5 m，并设有专门消防通道，保持畅通。

木材加工厂（场、车间）应遵循下列规定：

(1)独立建筑，与周围其他设施、建筑之间的安全防火距离不小于 20 m；

(2)设有 10 m^3 以上的消防水池、消防栓及相应数量的灭火器材。

考点 35　施工现场排水安全要求

边坡工程排水设施，应遵守下列规定：

(1)周边截水沟，一般应在开挖前完成，截水沟深度及底宽不宜小于 0.5 m，沟底纵坡不宜小于 0.5%；长度超过 500 m 时，宜设置纵排水沟、跌水或急流槽。

(2)急流槽的纵坡不宜超过 1∶1.5；急流槽过长时宜分段，每段不宜超过 10 m；土质急流槽纵度较大时，应设多级跌水。

(3)采用渗沟排除地下水措施时，渗沟顶部宜设封闭层。寒冷地区沟顶回填土层小于冻层厚度时，宜设保温层；渗沟施工应边开挖、边支撑、边回填，开挖深度超过 6 m 时，应采用框架支撑；渗沟每隔 30 ~ 50 m 或平面转折和坡度由陡变缓处宜设检查井。

(4)挡土墙宜设有排水设施,防止墙后积水形成静水压力,导致墙体坍塌。

(5)边坡排水孔宜在边坡喷护之后施工,坡面上的排水孔宜上倾 10% 左右,孔深 3 ~ 10 m,排水管宜采用塑料花管。

采用深井(管井)排水方法时,应符合下列要求:

(1)管井水泵的选用应根据降水设计对管井的降深要求和排水量来选择,所选择水泵的出水量与扬程应大于设计值的 20% ~ 30%;

(2)管井宜沿基坑或沟槽一侧或两侧布置,井位距基坑边缘的距离应不小于 1.5 m,管埋置的间距应为 15 ~ 20 m。

采用井点排水方法时,应满足下列要求:

(1)井点布置应选择合适方式及地点;

(2)井点管距坑壁不应小于 1.0 ~ 1.5 m,间距应为 1.0 ~ 2.5 m;

(3)滤管应埋在含水层内并较所挖基坑底低 0.9 ~ 1.2 m;

(4)集水总管标高宜接近地下水位线,且沿抽水水流方向应有 2‰ ~ 5‰的坡度。

考点 36　施工现场用电安全要求

施工单位应编制施工用电方案及安全技术措施。

从事电气作业的人员,应持证上岗;非电工及无证人员严禁从事电气作业。

在建工程(含脚手架)的外侧边缘与外电架空线路的边线之间应保持安全操作距离。最小安全操作距离应不小于下表的规定。上、下脚手架的斜道严禁搭设在有外电线路的一侧。

外电线路电压/kV	<1	1～10	35～110	154～220	330～500
最小安全操作距离/m	4	6	8	10	15

施工现场的机动车道与外电架空线路交叉时，架空线路的最低点与路面的垂直距离不应小于下表的规定。

外电线路电压/kV	<1	1～10	35
最小垂直距离/m	6	7	7

机械如在高压线下进行工作或通过时，其最高点与高压线之间的最小垂直距离不应小于下表的规定。

线路电压/kV	<1	1～20	35～110	154	220	330
机械最高点与线路间的垂直距离/m	1.5	2	4	5	6	7

用电场所电器灭火应选择适用于电气的灭火器材，不应使用泡沫灭火器。

施工用的 10 kV 及以下变压器装于地面时，应有 0.5 m 的高台，高台的周围应装设栅栏，其高度不应低于 1.7 m，栅栏与变压器外廓的距离不应小于 1 m，杆上变压器安装的高度不应低于 2.5 m，并挂“止步、高压危险”的警示标志。变压器的引线应采用绝缘导线。

考点 37 施工现场配电箱、开关箱与照明

配电箱、开关箱与照明应符合下列规定：

（1）动力配电箱与照明配电箱宜分别设置，如合置在同一配电箱内，动力和照明线路应分别设置。

(2)每台用电设备应有各自专用的开关箱,严禁用同一个开关电器直接控制2台及2台以上用电设备(含插座)。

(3)现场照明宜采用高光效、长寿命的照明光源。对需要大面积照明的场所,宜采用高压汞灯、高压钠灯或混光用的卤钨灯。照明器具选择应遵守下列规定:

①正常湿度时,选用开启式照明器。

②潮湿或特别潮湿的场所,应选用密闭型防水防尘照明器或配有防水灯头的开启式照明器。

③含有大量尘埃但无爆炸和火灾危险的场所,应采用防尘型照明器。

④对有爆炸和火灾危险的场所,应按危险场所等级选择相应的防爆型照明器。

⑤在振动较大的场所,应选用防振型照明器。

⑥对有酸碱等强腐蚀的场所,应采用耐酸碱型照明器。

⑦不应使用绝缘老化或破损的器具和器材。

一般场所宜选用额定电压为220 V的照明器,对下列特殊场所应使用安全电压照明器:

- 地下工程,有高温、导电灰尘,且灯具距地面高度低于2.5 m等场所的照明,电源电压不应大于36 V
- 在潮湿和易触及带电体场所的照明电源电压不应大于24 V
- 在特别潮湿的场所、导电良好的地面、锅炉或金属容器内工作的照明电源电压不应大于12 V

使用行灯应遵守的规定	
	电源电压不超过 36 V
	灯体与手柄连接坚固、绝缘良好并耐热耐潮湿
	灯头与灯体结合牢固，灯头无开关
	灯泡外部有金属保护网
	金属网、反光罩、悬吊挂钩固定在灯具的绝缘部位上

考点 38　高空作业安全防护要求

高处作业是指在距坠落高度基准面 2 m 或 2 m 以上有可能坠落的高处进行的作业。高处作业高度分为 2 m 至 5 m、5 m 以上至 15 m、15 m 以上至 30 m 及 30 m 以上四个区段，依次为一级高处作业、二级高处作业、三级高处作业、特级高处作业。高处作业的种类分为特殊高处作业和一般高处作业两种。特殊高处作业包括强风高处作业、异温高处作业、雪天高处作业、雨天高处作业、夜间高处作业、带电高处作业、悬空高处作业、抢救高处作业。

从事高空作业，应遵守以下规定：

(1)高处作业前，应检查排架、脚手板、通道、马道、梯子和防护设施，符合安全要求方可作业。高处作业使用的脚手架平台应铺设固定脚手板，临空边缘应设高度不低于 1.2 m 的防护栏杆。

(2)进行三级、特级、悬空高处作业时，应事先制定专项安全技术措施。施工前，应向所有施工人员进行技术交底。

(3)高处作业周围的沟道、孔洞井口等,应用固定盖板盖牢或设围栏。

(4)从事高处作业时,作业人员应系安全带。高处作业的下方,应设置警戒线或隔离防护棚等安全措施。

(5)在坝顶、陡坡、屋顶、悬崖、杆塔、吊桥、脚手架以及其他危险边沿进行悬空高处作业时,临空面应搭设安全网或防护栏杆。

(6)高处临边、临空作业应设置安全网,安全网距工作面的最大高度不应超过3.0 m,水平投影宽度应不小于2.0 m。安全网应挂设牢固,随工作面升高而升高。

(7)高处作业时,不应坐在平台、孔洞、井口边缘,不应骑坐在脚手架栏杆、躺在脚手板上或安全网内休息,不应站在栏杆外的探头板上工作和凭借栏杆起吊物件。

(8)遇有6级及以上的大风,严禁从事高处作业。

(9)在带电体附近进行高处作业时,距带电体的最小安全距离,应满足下表的规定,如遇特殊情况,应采取可靠的安全措施。

电压等级/kV	10及以下	20~35	44	60~110	154	220	330
工器具、安装构件、接地线等与带电体的距离/m	2.0	3.5	3.5	4.0	5.0	5.0	6.0
工作人员的活动范围与带电体的距离/m	1.7	2.0	2.2	2.5	3.0	4.0	5.0
整体组立杆塔与带电体的距离	应大于倒杆距离(自杆塔边缘到带电体的最近侧为塔高)						

考点39 脚手架安全技术要求

脚手架应根据施工荷载经设计确定,施工常规负荷量不应超过3.0 kPa。脚手架搭成后,须经施工及使用单位技术、质检、安全部门按设计和规范检查验收合格，方准投入使用。

高度超过 25 m 和特殊部位使用的脚手架，应专门设计并报建设(监理)单位审核、批准，并进行技术交底后，方可搭设和使用。

脚手架安装搭设应严格按设计图纸实施，遵循自下而上、逐层搭设、逐层加固、逐层上升的原则，并应符合下列要求：

(1)脚手架底脚扫地杆、水平横杆离地面距离为 20 ~ 30 cm。

(2)脚手架各节点应连接可靠，拧紧，各杆件连接处相互伸出的端头长度应大于 10 cm，以防杆件滑脱。

(3)外侧及每隔 2 ~ 3 道横杆设剪刀撑，排架基础以上 12 m 范围内每排横杆均应设置剪刀撑。

(4)脚手架的两端，转角处以及每隔 6 ~ 7 根立杆，应设剪刀撑及支杆，剪刀撑和支杆与地面的角度不大于 60°，支杆的底端埋入地下深度不应小于 30 cm。架子高度在 7 m 以上或无法设支杆时，竖向每隔 4 m，水平每隔 7 m，应使脚手架牢固地连接在建筑物上。

(5)剪刀撑、斜撑等整体拉结件和连墙件与脚手架应同步设置，剪刀撑的斜杆与水平面的交角宜在 45° ~ 60°，水平投影宽度不应小于 2 跨或 4 m，同时不大于 4 跨或 8 m。

(6)脚手架与边坡相连处应设置连墙杆，每 18 m 设一个点，且连墙杆的竖向间距不应大于 4 m。连墙杆采用钢管横杆，与墙体预埋锚筋相连，以增加整体稳定性。

(7)脚手架相邻立杆和上下相邻平杆的接头应相互错开，应置于不同的框架格内。搭接杆接头长度，扣件式钢管排架不应小于 1.0 m。

(8)钢管立杆、大横杆的接头应错开，搭接长度不小于 50 cm，承插式的管接头不应小于 8 cm，水平承插或接头应穿销，并用扣件连接，拧紧螺栓，不应用铁丝绑扎。

考点40 安全防护用具

安全帽、安全带、安全网等施工生产使用的安全防护用具，应符合国家规定的质量标准，具有厂家安全生产许可证、产品合格证和安全鉴定合格证书，否则不得采购、发放和使用。

常用安全防护用具应经常检查和定期试验，其检查试验的要求和周期见下表。

名称	检查质量标准要求	试验质量标准要求	检查试验周期
安全带	皮带各部接口完整、牢固，无霉朽和虫蛀现象	静荷：使用 255 kg 重物悬吊 5 min 无损伤	(1)每次使用前均应检查； (2)新带使用 1 年后抽样试验； (3)旧带每隔 6 个月抽查试验一次
	绳索无脆裂，断脱现象	动荷：将重量为 120 kg 的重物从 2 ~ 2.8 m高架上冲击安全带，各部件无损伤	
	销口性能良好		
塑料安全帽	外表完整、光洁		1 年一次
	帽内缓冲带、帽带齐全无损		
	耐 40 ~ 120 ℃高温不变形		
	耐水、油、化学腐蚀性良好		
	可抗 3 kg 的钢球从 5 m 高处垂直坠落的冲击力		
安全网	绳芯结构和网筋边绳结构符合要求		每年一次，每次使用前进行外表检查
	两件各 120 kg 的重物同时由 4.5 m 高处坠落冲击完好无损		

作业人员使用的安全带,应挂在牢固的物体上或可靠的安全绳上,安全带严禁低挂高用。拴安全带用的安全绳,不宜超过 3 m。

在有毒有害气体可能泄漏的作业场所,应配置必要的防毒护具,以备急用,并应及时检查维修更换,保证其处在良好待用状态。

电气操作人员应根据工作条件选用适当的安全电工用具和防护用品,电工用具应符合安全技术标准并定期检查,凡不符合技术标准要求的绝缘安全用具、登高作业安全工具、携带式电压和电流指示器以及检修中和临时接地线等,均不应使用。

考点 41　爆破器材运输安全要求

运输爆破器材应遵守的规定

- 运输车(船)应按指定路(航)线行驶,严禁超载、超速和抢行
- 车(船)不应在人多的地方、交叉路口或桥上(下)停留
- 气温低于 10 ℃运输易冻的硝化甘油炸药时,应采取防冻措施;气温低于-15 ℃运输难冻硝化甘油炸药时,也应采取防冻措施
- 禁止用翻斗车、自卸汽车、拖车、机动三轮车、人力三轮车、摩托车和自行车等运输爆破器材
- 运输炸药、雷管时,装车高度要低于车箱 10 cm。车厢、船底应加软垫。雷管箱不应倒放或立放,层间也应垫软垫

遇浓雾及大风浪应停航；
停泊地点距岸上建筑物不应小于 250 m；
船头船尾应设有警示牌，夜间及雾天应设红色安全灯；
船上应有足够的消防器材

水路运输爆破器材，还应遵守的规定

汽车运输爆破器材，在视线良好的情况下行驶时，时速不应超过 20 km（工区内不得超过 15 km）；在弯多坡陡、路面狭窄的山区行驶，时速应保持在 5 km 以内。平坦道路的行车间距应大于 50 m，上下坡的行车间距应大于 300 m。

考点 42　爆破安全要求

夜间无照明、浓雾天、雷雨天和 5 级以上风（含 5 级）等恶劣天气，均不应进行露天爆破作业。明挖爆破音响信号规定如下：

预告信号	◇间断鸣三次长声，即鸣 30 s、停、鸣 30 s、停、鸣 30 s，此时现场停止作业，人员迅速撤离
准备信号	◇在预告信号 20 min 后发布，间断鸣一长、一短三次，即鸣 20 s、鸣 10 s、停、鸣 20 s、鸣 10 s、停、鸣 20 s、鸣 10 s
起爆信号	◇准备信号 10 min 后发出，连续三短声，即鸣 10 s、停、鸣 10 s、停、鸣 10 s

解除信号

◇应根据爆破器材的性质及爆破方式，确定炮响后到检查人员进入现场所需等待的时间。检查人员确认安全后，由爆破作业负责人通知警报房发出解除信号：一次长声，鸣 60 s；在特殊情况下，如准备工作尚未结束，应由爆破负责人通知警报房拖后发布起爆信号，并用广播器通知现场全体人员

地下相向开挖的两端在相距 30 m 以内时，装炮前应通知另一端暂停工作，退到安全地点。当相向开挖的两端相距 15 m 时，一端应停止掘进，单头贯通。斜井相向开挖，除遵守上述规定外，并应对距贯通尚有 5 m 长地段自上端向下打通。

导爆索起爆，应遵守下列规定：

(1)导爆索只准用快刀切割，不应用剪刀剪断导火索。

(2)支线要顺主线传爆方向连接，搭接长度不应少于 15 cm，支线与主线传爆方向的夹角应不大于 90°。

(3)起爆导爆索的雷管，其聚能穴应朝向导爆索的传爆方向。

(4)导爆索交叉敷设时，应在两根交叉导爆索之间设置厚度不小于 10 cm 的木质垫板。

(5)连接导爆索中间不应出现断裂破皮、打结或打圈现象。

专题二　水利水电工程施工管理知识

考点 1　水利建设项目的阶段划分和类型

水利工程建设要严格按建设程序进行。水利工程建设程序一般分为:项目建议书、可行性研究报告、施工准备、初步设计、建设实施、生产准备、竣工验收、后评价等阶段。

一般情况下,前期工作包括项目建议书、可行性研究报告、初步设计阶段。立项过程包括项目建议书和可行性研究报告阶段。

项目后评价的主要内容:

(1)过程评价:前期工作、建设实施、运行管理等。

(2)经济评价:财务评价、国民经济评价等。

(3)社会影响及移民安置评价:社会影响和移民安置规划实施及效果等。

(4)环境影响及水土保持评价:工程影响区主要生态环境、水土流失问题,环境保护、水土保持措施执行情况,环境影响情况等。

(5)目标和可持续性评价:项目目标的实现程度及可持续性的评价等。

(6)综合评价:对项目实施成功程度的综合评价。

考点 2　水利建设项目"三项制度"

水利工程建设要推行项目法人责任制、招标投标制和建设监理制,积极推行项目管理。

对生产经营性的水利工程建设项目要积极推行项目法人责任制;其他类型的项目应积极创造条件,逐步实行项目法人责任制。

主体工程施工招标应具备的必要条件

◇项目的初步设计已经批准，项目建设已列入计划，投资基本落实；

◇项目建设单立已经组建，并具备应有的建设管理能力；

◇招标文件已经编制完成，施工招标申请书已经批准；

◇施工准备工作已满足主体工程开工的要求

水利建设项目招标工作,由项目建设单位具体组织实施。招标管理按分级管理原则和管理范围进行划分。

水利工程建设,要全面推行建设监理制。水利部主管全国水利工程的建设监理工作。水利工程建设监理单位的选择,应采用招标投标的方式确定。

考点 3　水利建设项目“代建制”

水利工程建设项目代建制为建设实施代建,代建单位对水利工程建设项目施工准备至竣工验收的建设实施过程进行管理。

近 3 年在承接的各类建设项目中发生过较大以上质量、安全责任事故或者有其他严重违法、违纪和违约等不良行为记录的单位不得承担项目代建业务。

代建单位应具备的条件

◇具有独立的事业或企业法人资格。

◇具有满足代建项目规模等级要求的水利工程勘测设计、咨询、施工总承包一项或多项资质以及相应的业绩；或者是由政府专门设立（或授权）的水利工程建设管理机构并具有同等规模等级项目的建设管理业绩；或者是承担过大型水利工程项目法人职责的单位。

◇具有与代建管理相适应的组织机构、管理能力、专业技术与管理人员

代建单位由项目主管部门或项目法人负责选定。招标选择代建单位应严格执行招标投标相关法律法规，并进入公共资源交易市场交易。不具备招标条件的，经项目主管部门同级政府批准，可采取其他方式选择代建单位。

代建单位不得将所承担的项目代建工作转包或分包。代建单位可根据代建合同约定，对项目的勘察、设计、监理、施工和设备、材料采购等依法组织招标，不得以代建为理由规避招标。代建单位（包括与其有隶属关系或股权关系的单位）不得承担代建项目的施工以及设备、材料供应等工作。

考点4 水利工程的施工准备

施工准备工作必须在建设项目的主体工程开工前完成。水利工程建设项目施工准备开工的条件为：

(1)项目可行性研究报告已经批准。

(2)环境影响评价文件已经批准。

(3)年度投资计划已下达或建设资金已落实。

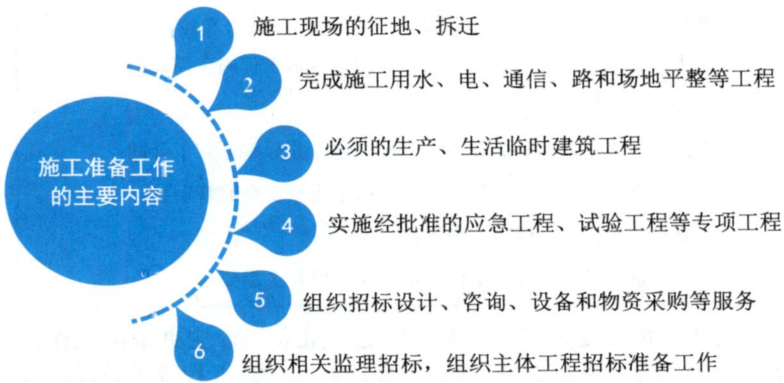
施工准备工作的主要内容
1
施工现场的征地、拆迁
2
完成施工用水、电、通信、路和场地平整等工程
3
必须的生产、生活临时建筑工程
4
实施经批准的应急工程、试验工程等专项工程
5
组织招标设计、咨询、设备和物资采购等服务
6
组织相关监理招标，组织主体工程招标准备工作

考点5　水利工程开工条件及设计变更

水利工程具备规定的开工条件后，主体工程方可开工建设。项目法人或者建设单位应当自工程开工之日起15个工作日内，将开工情况的书面报告报项目主管单位和上一级主管单位备案。

主体工程开工必须具备的条件

◇项目法人或者建设单位已经设立；

◇初步设计已经批准，施工详图设计满足主体工程施工需要；

◇建设资金已经落实；

◇主体工程施工单位和监理单位已经确定，并分别订立了合同；

◇质量安全监督单位已经确定，并办理了质量安全监督手续；

◇主要设备和材料已经落实来源；

◇施工准备和征地移民等工作满足主体工程开工需要

工程设计变更分为重大设计变更和一般设计变更。重大设计变更是指工程建设过程中，对初步设计批复的有关建设任务和内容进行调整，导致工程任务、规模、工程等级及设计标准发生变化，工程总体布置方案、主要建筑物布置及结构形式、重要机电与金属结构设备、施工组织设计方案等发生重大变化，对工程质量、安全、工期、投资、效益、环境和运行管理等产生重大影响的设计变更。

考点 6 水闸和大坝安全类别

水闸安全类别划分为四类，分类标准如下：

（1）一类闸：运用指标能达到设计标准，无影响正常运行的缺陷，按常规维修养护即可保证正常运行。

（2）二类闸：运用指标基本达到设计标准，工程存在一定损坏，经大修后，可达到正常运行。

（3）三类闸：运用指标达不到设计标准，工程存在严重损坏，经除险加固后，才能达到正常运行。

（4）四类闸：运用指标无法达到设计标准，工程存在严重安全问题，需降低标准运用或报废重建。

大坝安全状况分为三类，分类标准如下：

- **一类坝**：实际抗御洪水标准达到《防洪标准》规定，大坝工作状态正常；工程无重大质量问题，能按设计正常运行的大坝
- **二类坝**：实际抗御洪水标准不低于部颁水利枢纽工程除险加固近期非常运用洪水标准，但达不到《防洪标准》规定；大坝工作状态基本正常，在一定控制运用条件下能安全运行的大坝
- **三类坝**：实际抗御洪水标准低于部颁水利枢纽工程除险加固近期非常运用洪水标准，或者工程存在较严重安全隐患，不能按设计正常运行的大坝

考点7 水利建设项目稽察

水利稽察方式主要包括项目稽察、专项稽察和对项目稽察发现问题整改情况的“回头看”。

稽察组由稽察组长、专家组长、稽察助理和稽察专家等组成。稽察专家包含前期与设计、建设管理、计划和进度管理、资金使用与管理、质量管理和安全管理等6个专业的专家。

稽察组第一次现场检查一般为“明查”，主要以抽查方式进行，应聚焦施工现场形象面貌、计划执行、实体质量、安全生产等方面，优先选择主要建筑物、有一定实物工程量的部位。

“暗访暗查”主要以工程质量、安全生产和农民工工资等方面问题为主，要紧盯工程重要部位和施工质量控制的关键环节、现场质量检测机构的履职情况、现场安全生产措施的落实情况以及农民工工资的发放情况等。

考点8 水利建设项目竣工决算

工程类项目竣工财务决算应由下列5部分组成：竣工财务决算封面及目录；竣工工程平面示意图及主体工程照片；竣工财务决算说明书；竣工财务决算报表；其他资料。

竣工财务决算应按照大中型和小型项目分别编制。纳入竣工财务决算的尾工工程投资及预留费用，大中型工程应控制在总概算的3%以内；小型工程应控制在总概算的5%以内。

分摊待摊投资可采用下列方法：按实际数的比例分摊；按概算数的比例分摊。

考点9 水利建设项目竣工审计

竣工决算审计程序包括以下四个阶段：

(1)审计准备阶段包括审计立项、编制审计实施方案、送达审计通知书等环节。

(2)审计实施阶段包括收集审计证据、编制审计工作底稿、征求意见等环节。

(3)审计报告阶段包括出具审计报告、审计报告处理、下达审计结论等环节。

(4)审计终结阶段包括整改落实和后续审计等环节。

项目法人和相关单位应在收到审计结论 60 个工作日内执行完毕,并向水利审计部门报送审计整改报告;确需延长审计结论整改执行期的,应报水利审计部门同意。

考点 10　施工现场用电负荷

水利水电工程施工现场一类负荷主要有井、洞内的照明、排水、通风和基坑内的排水、汛期的防洪、泄洪设施以及医院的手术室、急诊室、局一级通信站以及其他因停电即可能造成人身伤亡或设备事故引起国家财产严重损失的重要负荷。由于单一电源无法确保连续供电,供电可靠性差,因此大中型电站需具有两个以上的电源,否则需建自备电厂。二类负荷主要有井(洞)以外的制冷、供水、供风、混凝土搅拌等系统以及土石方开挖、混凝土浇筑、混凝土预制构件厂等施工的主要设备。施工照明、砂石加工系统、金属结构及机电安装设备视实际情况根据停电可能造成损失的严重程度分属二类负荷或三类负荷。木材加工厂及钢筋加工厂的主要设备属三类负荷。

考点 11　施工进度计划的编制

工程建设全过程可划分为工程筹建期、工程准备期、主体工程施工期和工程完建期四个施工时段。编制施工总进度时,工程施工总工期应为后三项工期之和。工程建设相邻两个阶段的工作可交叉进行。

考点 12　施工成本管理

2019 年 4 月 4 日水利部办公厅发布《水利部办公厅关于调整水利工程计价依据增值税计算标准的通知》(办财务函〔2019〕448 号),将《水利工程营业税改征增值税计价依据调整办法》(办水总〔2016〕132 号)中工程部分的增值税计算标准调整如下:施工机械台时费定额的折旧费除以 1.13 调整系数,修理及替换设备费除以 1.09 调整系数。

混凝土工程定额中，现浇混凝土包括冲(凿)毛、冲洗、清仓、铺水泥砂浆、平仓浇筑、振捣、养护，工作面运输及辅助工作。碾压混凝土包括冲毛、冲洗、清仓、铺水泥砂浆、平仓、碾压、切缝、养护，工作面运输及辅助工作。预制混凝土包括预制场冲洗、清理、配料、拌制、浇筑、振捣、养护，模板制作、安装、拆除、修整，预制场内的混凝土运输，材料场内运输和辅助工作，预制件场内吊移、堆放。

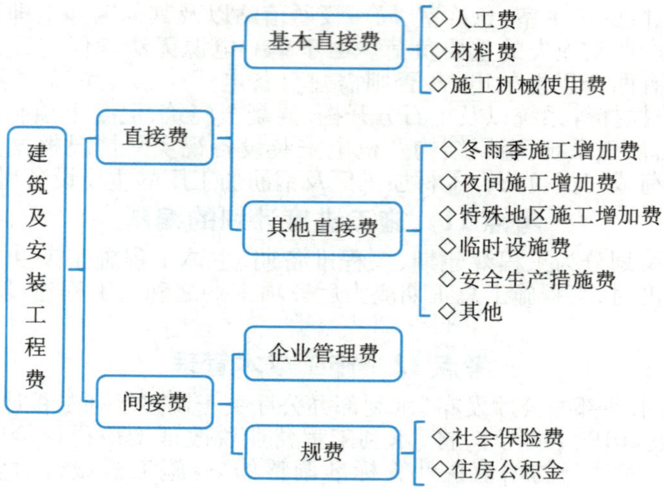

考点 13　工程量清单投标报价

工程量清单应由分类分项工程量清单、措施项目清单、其他项目清单和零星工作项目清单组成。工程量清单投标报价表的组成如下表所示。

投标报价表	主表	投标总价
		工程项目总价表
		分类分项工程量清单计价表
		措施项目清单计价表
		其他项目清单计价表
		零星工作项目清单计价表
	辅表	工程单价汇总表
		工程单价费(税)率汇总表
		投标人生产电、风、水、砂石基础单价汇总表
		投标人生产混凝土配合比材料费表
		招标人供应材料价格汇总表(若招标人提供)
		投标人自行采购主要材料预算价格汇总表
		招标人提供施工机械台时(班)费汇总表(若招标人提供)
		投标人自备施工机械台时(班)费汇总表
		总价项目分类分项工程分解表
		工程单价计算表
		人工费单价汇总表

考点 14　施工招标的有关规定

招标人应当按招标公告或者投标邀请书规定的时间、地点出售招标文件或资格预审文件。自招标文件或者资格预审文件出售之日起至停止出售之日止(即发售期),最短不得少于 5 日。

投标人应仔细阅读和检查招标文件的全部内容。如发现缺页或附件不全,应及时向招标人提出,以便补齐。如有疑问,应在投标截止时间 17 天前以书面形式提出澄清申请,要求招标人对招标文件予以澄清。招标文件的澄清将在投标截止时间 15 天前,以书面形式通知所有购买招标文件的投标人,但不指明澄清问题的来源。如果澄清通知发出的时间距投标截止时间不足 15 天,投标截止时间应相应延长。投标人在收到澄清通知后,应在 1 天内以书面形式告知招标人,确认已收到该澄清通知。

在投标截止时间 15 天前,招标人可以书面形式修改招标文件,并通知所有已购买招标文件的投标人。如果修改招标文件的时间距投标截止时间不足 15 天,相应延长投标截止时间。投标人收到修改通知后,应在 1 天内以书面形式告知招标人,确认已收到该修改通知。

招标人可以自行决定是否编制标底。一个招标项目只能有一个标底。标底必须保密。招标人设有最高投标限价的,应当在招标文件中明确最高投标限价或者最高投标限价的计算方法。招标人不得规定最低投标限价。

招标人不得组织单个或者部分潜在投标人踏勘项目现场。

考点 15　施工投标的有关规定

投标人应具备承担施工的资质要求、财务要求、业绩要求、信誉要求、项目经理资格、技术负责人资格及其他要求。

业绩要求通常指相似工程的业绩，包括结构、规模、功能、造价等。填报“近5年完成的类似项目情况表”应附中标通知书、合同协议书、合同工程完工证书（工程竣工证书副本）、工程接收证书（工程竣工验收证书）的复印件。

信誉要求通常指信用等级。水利建设市场主体信用等级分为AAA，AA，A，B和C三等五级，各信用等级对应的综合得分X分别为：AAA级，90分$\leqslant X \leqslant$100分，信用很好；AA级，80分$\leqslant X <$90分，信用良好；A级，70分$\leqslant X <$80分，信用较好；B级，60分$\leqslant X <$70分，信用一般；C级，$X <$60分，信用较差。

项目经理资格通常指资格条件，包括具有二级及以上水利水电工程注册建造师证书；在“信用中国”及各有关部门网站中经查询没有因行贿、严重违法失信被限制投标或从业等惩戒行为；没有在建工程；有一定数量的类似工程业绩，且已通过合同工程完工验收；具备有效的B类安全生产考核合格证书。

有下列情形之一的，投标保证金将不予退还：投标人在规定的投标有效期内撤销或修改其投标文件；中标人在收到中标通知书后，无正当理由拒签合同协议书或未按招标文件规定提交履约担保。

未通过资格预审的申请人提交的投标文件，以及逾期送达或者不按照招标文件要求密封的投标文件，招标人应当拒收。

考点16　发、承包人相关义务

除专用合同条款另有约定外，施工控制网由承包人负责测设，发包人应在合同协议书签订后的14天内，向承包人提供测量基准点、基准线和水准点及其相关资料。承包人应在收到上述资料后的28天内，将施测的施工控制网资料提交监理人审批。监理人应在收到报批件后的14天内批复承包人。

发包人的一般义务

◇遵守法律；
◇发出开工通知；
◇提供施工场地；
◇协助承包人办理证件和批件；
◇组织设计交底；
◇支付合同价款；
◇组织竣工验收（组织法人验收）；
◇其他义务

承包人的一般义务

◇遵守法律；
◇依法纳税；
◇完成各项承包工作；
◇对施工作业和施工方法的完备性负责；
◇保证工程施工和人员的安全；
◇负责施工场地及其周边环境与生态的保护工作；
◇避免施工对公众与他人的利益造成损害；
◇为他人提供方便；
◇工程的维护和照管；
◇其他义务

考点 17 质量保证金和工程索赔

发包人应按照合同约定方式预留质量保证金，质量保证金总预留比例不得高于工程价款结算总额的 3%。合同约定由承包人以银行保函替代预留保证金的，保函金额不得高于工程价款结算总额的 3%。

除专用合同条款另有约定外，缺陷责任期从工程通过合同工程完工验收后开始计算。在合同工程完工验收前，已经发包人提前验收的单位工程或部分工程，若未投入使用，其缺陷责任期亦从工程通过合同工程完工验收后开始计算；若已投入使用，其缺陷责任期从通过单位工程或部分工程投入使用验收后开始计算。缺陷责任期的期限在专用合同条款中约定。

承包人应在知道或应当知道索赔事件发生后 28 天内，向监理人递交索赔意向通知书，并说明发生索赔事件的事由。承包人未在前述 28 天内发出索赔意向通知书的，丧失要求追加付款和(或)延长工期的权利。

承包人应在发出索赔意向通知书后 28 天内，向监理人正式递交索赔通知书。

在索赔事件影响结束后的 28 天内，承包人应向监理人递交最终索赔通知书，说明最终要求索赔的追加付款金额和延长的工期，并附必要的记录和证明材料。

承包人接受索赔处理结果的，发包人应在作出索赔处理结果答复后 28 天内完成赔付。

考点 18 施工质量评定

单位工程施工质量合格标准：所含分部工程质量全部合格；质量事故已按要求进行处理；工程外观质量得分率达到 70% 以上；单位工程施工质量检验与评定资料基本齐全；工程施工期及试运行期，单位工程观测资料分析结果符合国家和行业技术标准以及合同约定的标准要求。

单位工程施工质量优良标准：所含分部工程质量全部合格，其中70%以上达到优良等级，主要分部工程质量全部优良，且施工中未发生过较大质量事故；质量事故已按要求进行处理；外观质量得分率达到85%以上；单位工程施工质量检验与评定资料齐全；工程施工期及试运行期，单位工程观测资料分析结果符合国家和行业技术标准以及合同约定的标准要求。

考点19 质量事故质量工作考核

坚持"事故原因不查清楚不放过、主要事故责任者和职工未受到教育不放过、补救和防范措施不落实不放过、责任人员未受到处理不放过"的原则，做好事故处理工作。

事故报告应当包括以下内容：

(1)工程名称、建设规模、建设地点、工期，项目法人、主管部门及负责人电话；

(2)事故发生的时间、地点、工程部位以及相应的参建单位名称；

(3)事故发生的简要经过、伤亡人数和直接经济损失的初步估计；

(4)事故发生原因初步分析；

(5)事故发生后采取的措施及事故控制情况；

(6)事故报告单位、负责人及联系方式。

一般事故，由项目法人负责组织有关单位制定处理方案并实施，报上级主管部门备案。

较大质量事故，由项目法人负责组织有关单位制定处理方案，经上级主管部门审定后实施，报省级水行政主管部门或流域机构备案。

重大质量事故，由项目法人负责组织有关单位提出处理方案，征得事故调查组意见后，报省级水行政主管部门或流域机构审定后实施。

特大质量事故，由项目法人负责组织有关单位提出处理方案，征得事故调查组意见后，报省级水行政主管部门或流域机构审定后实施，并报水利部备案。

事故处理需要进行设计变更的，需原设计单位或有资质的单位提出设计变更方案。需要进行重大设计变更的，必须经原设计审批部门审定后实施。

水利建设质量工作考核内容包括质量管理工作和质量提升工作两部分，其中质量管理工作分值占考核总分的75%，质量提升工作分值占考核总分的25%。根据水利建设质量工作发展实际，每个考核年度另行制定考核评分细则。

考点20 施工单位的安全生产

建设工程施工企业安全生产费用应当用于以下支出：

（1）完善、改造和维护安全防护设施设备支出（不含“三同时”要求初期投入的安全设施），包括施工现场临时用电系统、洞口或临边防护、高处作业或交叉作业防护、临时安全防护、支护及防治边坡滑坡、工程有害气体监测和通风、保障安全的机械设备、防火、防爆、防触电、防尘、防毒、防雷、防台风、防地质灾害等设施设备支出。

（2）应急救援技术装备、设施配置及维护保养支出，事故逃生和紧急避难设施设备的配置和应急救援队伍建设、应急预案制修订与应急演练支出。

（3）开展施工现场重大危险源检测、评估、监控支出，安全风险分级管控和事故隐患排查整改支出，工程项目安全生产信息化建设、运维和网络安全支出。

（4）安全生产检查、评估评价（不含新建、改建、扩建项目安全评价）、咨询和标准化建设支出。

（5）配备和更新现场作业人员安全防护用品支出。

(6)安全生产宣传、教育、培训和从业人员发现并报告事故隐患的奖励支出。

(7)安全生产适用的新技术、新标准、新工艺、新装备的推广应用支出。

(8)安全设施及特种设备检测检验、检定校准支出。

(9)安全生产责任保险支出。

(10)与安全生产直接相关的其他支出。

施工单位对新进场的工人,必须进行公司、项目、班组三级安全教育培训,经考核合格后,方能允许上岗。三级安全教育培训应包括下列主要内容:

(1)公司安全教育培训。国家和地方有关安全生产法律、法规、规章、制度、标准、企业安全管理制度和劳动纪律、从业人员安全生产权利和义务等。

(2)项目安全教育培训。工地安全生产管理制度、安全职责和劳动纪律、个人防护用品的使用和维护、现场作业环境特点、不安全因素的识别和处理、事故防范等。

(3)班组安全教育培训。本工种的安全操作规程和技能、劳动纪律、安全作业与职业卫生要求、作业质量与安全标准、岗位之间衔接配合注意事项、危险点识别、事故防范和紧急避险方法等。

考点 21 安管人员

安全生产考试内容包括安全生产知识和管理能力两部分。安全生产知识主要包括安全生产相关法规政策和安全生产技术。安全生产管理能力主要包括安全生产管理基本知识和履职能力。安全生产考核合格证书有效期 3 年,采用电子证书形式,在全国水利水电工程建设领域适用。证书样式由国务院水行政主管部门统一规定。

安管人员应在证书有效期满前 3 个月内,向考核管理部门提出延续申请。证书每延续一次有效期 3 年，有效期满未申请延续的证书自动失效。

考点 22　文明工地建设

文明工地应符合：体制机制健全；质量管理到位；安全施工到位；环境和谐有序，文明风尚良好；创建措施有力。

获得文明工地的可作为水利建设市场主体信用评价、中国水利工程优质（大禹）奖和水利安全生产标准化评审的重要参考。

考点 23　水利水电工程验收

水利水电建设工程验收按验收主持单位可分为法人验收和政府验收。法人验收应包括分部工程验收、单位工程验收、水电站（泵站）中间机组启动验收、合同工程完工验收等，政府验收应包括阶段验收、专项验收、竣工验收等。验收主持单位可根据工程建设需要增设验收的类别和具体要求。

工程阶段验收应包括枢纽工程导（截）流验收、水库下闸蓄水验收、引（调）排水工程通水验收、水电站（泵站）首（末）台机组启动验收、部分工程投入使用验收以及竣工验收主持单位根据工程建设需要增加的其他验收。

工程竣工验收应在工程建设项目全部完成并满足一定运行条件后 1 年内进行。一定运行条件指：

（1）泵站工程经过一个排水或抽水期；

（2）河道疏浚工程完成后；

（3）其他工程经过 6 个月（经过一个汛期）至 12 个月。

考点 24　施工监理

工程实施阶段监理机构的质量控制要求如下：

监理机构实施跟踪检测的项目和数量（比例）应在监理合同中约定。其中，混凝土试样应不少于承包人检测数量的 7%，土方试样应不少于承包人检测数量的 10%。

监理机构实施平行检测的项目和数量（比例）应在监理合同中约定。其中，混凝土试样不少于承包人检测数量的 3%，重要部位每种标号的混凝土至少取样 1 组；土方试样应不少于承包人检查数量的 5%，重要部位至少取样 3 组。

考点 25　质量管理小组竞赛活动

参加竞赛活动的质量管理小组及成果应具备以下条件：按照本企业有关规定进行小组注册和课题注册；满足质量管理小组活动的程序要求，符合相关规定，正确运用质量管理理论、方法；活动的过程、活动的成果有推进人员的指导；活动结束日期与报名截止日期的时间间隔不超过 2 年；获得省（自治区、直辖市）当年质量管理小组活动二等及以上成果或经具有推荐资格的单位审核推荐。

参加质量管理小组竞赛活动须经过申请、推荐、初审、材料评审和现场发布评审 5 个环节。竞赛成绩由成果材料评审和现场发布评审两部分组成，共计 100 分，其中成果材料评审占 80 分，现场发布评审占 20 分。质量管理小组竞赛活动结果由中水企协秘书处审定，坚持高标准、严要求，评审出优秀质量管理小组成果等次分为一、二、三等。其中，一等成果的等次为最高，数量不超过申报总数的 20%；二等成果数量不超过申报总数的 40%。

专题三 水利水电工程相关法规与标准

考点1 《水法》相关知识

国家制定全国水资源战略规划。开发、利用、节约、保护水资源和防治水害，应当按照流域、区域统一制定规划。规划分为流域规划和区域规划。流域规划包括流域综合规划和流域专业规划；区域规划包括区域综合规划和区域专业规划。

禁止在江河、湖泊、水库、运河、渠道内弃置、堆放阻碍行洪的物体和种植阻碍行洪的林木及高秆作物。禁止在河道管理范围内建设妨碍行洪的建筑物、构筑物以及从事影响河势稳定、危害河岸堤防安全和其他妨碍河道行洪的活动。

在河道管理范围内建设桥梁、码头和其他拦河、跨河、临河建筑物、构筑物，铺设跨河管道、电缆，应当符合国家规定的防洪标准和其他有关的技术要求，工程建设方案应当依照防洪法的有关规定报经有关水行政主管部门审查同意。因建设前述工程设施，需要扩建、改建、拆除或者损坏原有水工程设施的，建设单位应当负担扩建、改建的费用和损失补偿。但是，原有工程设施属于违法工程的除外。

国家对水工程实施保护。国家所有的水工程应当按照国务院的规定划定工程管理和保护范围。

国务院水行政主管部门或者流域管理机构管理的水工程，由主管部门或者流域管理机构商有关省、自治区、直辖市人民政府划定工程管理和保护范围。

在水工程保护范围内，禁止从事影响水工程运行和危害水工程安全的爆破、打井、采石、取土等活动。

考点 2 《防洪法》相关知识

防洪规划应当确定防护对象、治理目标和任务、防洪措施和实施方案，划定洪泛区、蓄滞洪区和防洪保护区的范围，规定蓄滞洪区的使用原则。

建设跨河、穿河、穿堤、临河的桥梁、码头、道路、渡口、管道、缆线、取水、排水等工程设施，应当符合防洪标准、岸线规划、航运要求和其他技术要求，不得危害堤防安全、影响河势稳定、妨碍行洪畅通；其工程建设方案未经有关水行政主管部门根据前述防洪要求审查同意的，建设单位不得开工建设。

防洪区是指洪水泛滥可能淹及的地区，分为洪泛区、蓄滞洪区和防洪保护区。洪泛区是指尚无工程设施保护的洪水泛滥所及的地区。蓄滞洪区是指包括分洪口在内的河堤背水面以外临时贮存洪水的低洼地区及湖泊等。防洪保护区是指在防洪标准内受防洪工程设施保护的地区。

防汛抗洪工作实行各级人民政府行政首长负责制，统一指挥、分级分部门负责。

国务院设立国家防汛指挥机构，负责领导、组织全国的防汛抗洪工作，其办事机构设在国务院水行政主管部门。

在洪泛区、蓄滞洪区内建设非防洪建设项目，应当编制洪水影响评价报告，提出防御措施。在蓄滞洪区内建造房屋应当采用平顶式结构。

考点 3 《水土保持法》相关知识

水土保持工作实行预防为主、保护优先、全面规划、综合治理、因地制宜、突出重点、科学管理、注重效益的方针。

水土保持规划的内容应当包括水土流失状况、水土流失类型区划分、水土流失防治目标、任务和措施等。

水土保持规划应当与土地利用总体规划、水资源规划、城乡规划和环境保护规划等相协调。

禁止在25°以上陡坡地开垦种植农作物。在25°以上陡坡地种植经济林的，应当科学选择树种，合理确定规模，采取水土保持措施，防止造成水土流失。

省、自治区、直辖市根据本行政区域的实际情况，可以规定小于25°的禁止开垦坡度。禁止开垦的陡坡地的范围由当地县级人民政府划定并公告。

在5°以上坡地植树造林、抚育幼林、种植中药材等，应当采取水土保持措施。

依法应当编制水土保持方案的生产建设项目中的水土保持设施，应当与主体工程同时设计、同时施工、同时投产使用；生产建设项目竣工验收，应当验收水土保持设施；水土保持设施未经验收或者验收不合格的，生产建设项目不得投产使用。

考点4 水利工程建设标准体系

标准包括国家标准、行业标准、地方标准和团体标准、企业标准。国家标准分为强制性标准、推荐性标准，行业标准、地方标准是推荐性标准。强制性标准必须执行。国家鼓励采用推荐性标准。

根据《水利标准化工作管理办法》，水利标准包括国家标准、行业标准、地方标准和团体标准、企业标准。国家标准分为强制性标准、推荐性标准。行业标准一般为推荐性标准，工程建设类可以制定强制性标准。

标准制定分为起草、征求意见、审查和报批四个阶段。等同采用或修改采用国际标准时，采用征求意见、审查和报批三个阶段。标准的局部修订采用审查和报批两个阶段。标准制定周期原则上不超过 2 年，修订周期原则上不超过 1 年。水利行业标准的发布时间为水利部批准时间，开始实施时间不应超过其后的 3 个月。

水利技术标准的内容包括前引、正文、补充三大部分。其中，前引部分包括封面、发布公告、前言、目次。

水利标准助动词及其等效表述如下表所示。

条款	助动词	在特殊情况下的等效表述	功能
要求	应	只有…才允许	表示声明符合标准需要满足的要求
	不应	不允许	表示指示时用祈使句
推荐	宜	推荐、建议	表示在几种可能性中，推荐特别合适的一种，不排除其他可能性
	不宜	不推荐、不建议	表示不赞成但也不禁止某种可能性
陈述－允许	可	可以、允许	表示在标准的界限内所允许的行动或步骤
	不必	无需、不需要	
陈述－能力	能	能够	表示由材料的、生理的或某种原因导致的能力
	不能	不能够	